CH.Ashok Kumar
T.Venkata Deepthi
N.Srinivasa Rajneesh

CONCEPÇÃO E ANÁLISE ESTRUTURAL DE MOLAS DE LÂMINAS

CH.Ashok Kumar
T.Venkata Deepthi
N.Srinivasa Rajneesh

CONCEPÇÃO E ANÁLISE ESTRUTURAL DE MOLAS DE LÂMINAS

ScienciaScripts

Cover image: www.ingimage.com

This book is a translation from the original published under ISBN 978-620-7-99578-3.

Publisher:
Sciencia Scripts
is a trademark of
Dodo Books Indian Ocean Ltd. and OmniScriptum S.R.L publishing group

120 High Road, East Finchley, London, N2 9ED, United Kingdom
Str. Armeneasca 28/1, office 1, Chisinau MD-2012, Republic of Moldova, Europe
Managing Directors: Ieva Konstantinova, Victoria Ursu
info@omniscriptum.com

Printed at: see last page
ISBN: 978-620-8-60471-4

Conteúdo

RESUMO

Uma mola de lâmina é uma forma simples de mola de suspensão utilizada para absorver as vibrações induzidas durante o movimento de um veículo. A indústria automóvel tem demonstrado um interesse crescente na substituição das molas de lâmina de aço (55Si7) por molas de lâmina compósitas (E-glass/Epoxy) devido à elevada relação resistência/peso, maior rigidez, elevada absorção de energia de impacto e menores tensões.

Este projeto tem como objetivo investigar a adequação de materiais compósitos híbridos reforçados com fibras naturais e sintéticas em aplicações de molas de lâmina para automóveis. Com a utilização de fibras naturais tem-se procurado reduzir o custo e o peso dos feixes de molas. Neste trabalho, tenta-se desenvolver um material compósito híbrido reforçado com fibras naturais e sintéticas com propriedades óptimas que possa substituir o material compósito reforçado com fibras sintéticas existente nos feixes de molas dos automóveis.

São utilizados tapetes de fibras de juta e de vidro E como reforços e a resina epoxídica LY556 como material de matriz. Os modelos CAD das molas de lâminas são preparados no CATIAV5 e importados para o banco de trabalho de análise estrutural estática do Ansys 14.5, onde é efectuada a análise de elementos de ignição (FEA).

Os condicionalismos do projeto são as tensões e as deformações. Este estudo apresenta uma análise comparativa entre a mola de lâmina de aço e a mola de lâmina de epóxi reforçada com vidro de juta/E. Verifica-se que a mola de lâmina composta híbrida tem menor peso, menor custo, menores tensões e maior rigidez.

Palavras-chave: Indústria automóvel; conceção; feixe de molas compósito; CARBONO; E-glass;

EPOXY28 CATIA V5:

CAPÍTULO 1

INTRODUÇÃO

1.1 VISÃO GERAL DA LEAFSPRING

Uma mola de lâmina é uma peça plana, fina e flexível de aço para molas ou de material compósito que resiste à flexão. Os princípios básicos da conceção e montagem das molas de lâmina são relativamente simples, e as lâminas têm sido utilizadas em várias capacidades desde os tempos medievais. Atualmente, a maioria dos veículos pesados utiliza dois conjuntos de feixes de molas por eixo sólido, montados perpendicularmente ao eixo e suportando o peso do veículo. Este sistema requer que cada conjunto de lâminas actue como uma mola e uma ligação estável na horizontal. Uma vez que os conjuntos de lâminas carecem de rigidez, este papel duplo só é adequado para aplicações em que a capacidade de carga é mais importante do que a precisão da resposta da suspensão. As disposições mais antigas de molas de lâminas transversais montavam o conjunto de lâminas único paralelamente a um eixo motor, mas utilizavam-no como elo de suspensão e como elemento de mola, de forma semelhante à disposição tradicional. Nos veículos com suspensão independente e uma disposição transversal de molas de lâmina, a lâmina não é utilizada para controlar a localização da roda e actua apenas como um elemento de mola. Nesta disposição, os braços duplos actuam para localizar a roda, enquanto uma única folha ou conjunto de folhas ligado à subestrutura dianteira ou traseira no meio do veículo e ao braço inferior de cada lado fornece o elemento de mola. Em algumas aplicações, são utilizadas duas molas de lâminas transversais num único eixo, cada uma fornecendo uma ação de mola separada a cada roda. No passado, a maioria das molas de lâmina transversais suspendia vários elementos de aço em activos semelhantes aos dos seus homólogos longitudinais tradicionais, mas a maioria das aplicações modernas utiliza um elemento de lâmina mono composto (geralmente de fibra de vidro).

Fig.1.1 Um arranjo tradicional de molas de lâmina.

Originalmente designada por mola laminada ou mola de carruagem, a mola de lâmina é uma forma simples de mola, normalmente utilizada na suspensão de veículos com rodas. É uma das formas mais antigas de mola, que remonta aos tempos medievais.

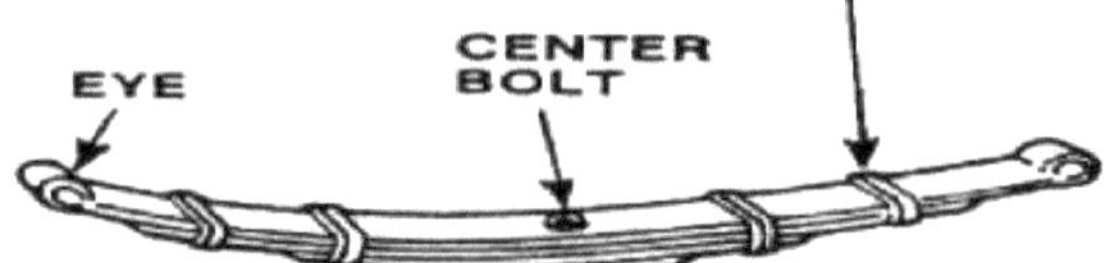

Fig.1.2 Mola de lâmina de automóveis

Por vezes designada por mola semi-elíptica ou mola de carro, tem a forma de um arco fino de aço para molas de secção transversal retangular. O centro do arco fornece uma localização para o eixo, enquanto os orifícios de fixação são fornecidos em cada extremidade para fixação à carroçaria do veículo. Para veículos muito pesados, uma mola de lâmina pode ser fabricada a partir de várias lâminas empilhadas umas sobre as outras em várias camadas, muitas vezes com lâminas sistematicamente mais curtas. As molas de lâminas podem servir para localizar e, em certa medida, para amortecer, bem como para desempenhar funções de mola.

1.2 HISTÓRIA DE UMA MOLA DE LÂMINA

Muitos dos primeiros veículos, como o Ford Modelo T, utilizavam feixes de molas transversais nas suspensões dianteira e traseira, em conjunto com um eixo motor. No início da década de 1930, Dante Giacosa desenvolveu o Fiat Topolino, que utilizava feixes de molas transversais em aço e braços duplos numa suspensão dianteira independente. A Triumph Motorcar Company também desenvolveu uma suspensão traseira independente com um sistema de molas de lâminas transversais para a sua linha de automóveis pequenos na década de 1950. A disposição da Triumph, vista pela primeira vez no Herald de 1959, foi desenvolvida para introduzir uma suspensão traseira independente de baixo custo. Os resultados foram mistos, com problemas de segurança consideráveis relacionados com a tendência do veículo para entrar em sobreviragem.

Havia uma variedade de molas de lâminas, geralmente empregando a palavra "elíptica". As molas de lâmina "elípticas" ou "totalmente elípticas" referiam-se a dois arcos circulares ligados nas suas pontas. Este era ligado à estrutura no centro superior do arco superior; o centro inferior era ligado aos componentes "activos" da suspensão, como um eixo dianteiro sólido. Seriam necessários componentes de suspensão adicionais, como braços de arrasto, para este design, mas não para molas de lâminas "semi-elípticas", uma vez que as molas "elípticas" tinham frequentemente a parte mais grossa da pilha de lâminas presa na extremidade traseira das peças laterais de uma estrutura de escada curta, com a extremidade livre ligada ao diferencial, como no Austin Seven da década de 1920. Como exemplo de molas de lâminas não elípticas, o Ford Modelo T tinha várias molas de lâminas sobre os seus diferenciais que eram curvadas em forma de jugo. Como substituto dos amortecedores, alguns fabricantes colocaram chapas não metálicas entre as folhas de metal, como a madeira.

As molas de lâmina eram muito comuns nos automóveis até à década de 1970, altura em que a mudança para as rodas dianteiras e para designs de suspensão mais sofisticados levou os fabricantes de automóveis a utilizarem molas helicoidais de qualidade superior. Os automóveis de passageiros dos EUA utilizaram molas de lâmina até 1989, quando a plataforma Chrysler M foi o último veículo de produção comercializado. No entanto, as molas de lâmina continuam a ser utilizadas em veículos comerciais pesados, como carrinhas e camiões, e carruagens ferroviárias. Os veículos pesados têm a vantagem de distribuir a carga mais amplamente pelo chassis do veículo, enquanto as molas helicoidais a transferem para um único ponto. Ao contrário das molas helicoidais, as molas de lâminas também localizam o eixo traseiro, eliminando a necessidade de braços de arrasto e de uma barra rígida Pan, poupando assim custos e peso numa suspensão traseira simples de eixo motor.

Uma implementação mais moderna é a mola de lâmina parabólica. Esta conceção é caracterizada por um menor número de folhas cuja espessura varia do centro para a extremidade segundo uma curva parabólica. Nesta conceção, o atrito entre folhas é indesejado e, por isso, só há contacto entre as molas nas extremidades e no centro, onde o eixo está ligado. Os espaçadores impedem o contacto nos outros pontos.

CAPÍTULO 2

LEVANTAMENTO DA LITERATURA

2.1 REVISÃO DA LITERATURA

Existem vários estudos para a comparação entre molas de lâminas compostas e molas de lâminas laminadas para vários tipos de veículos.

Kumar Krishna e Aggarwal M.L realizaram uma mola multi-folhas com nove folhas utilizada por um veículo comercial. A modelação e a análise por elementos finitos de uma mola de várias folhas foram efectuadas. Inclui duas folhas de comprimento total, uma das quais com extremidades em forma de olho, e sete folhas de comprimento graduado. O material da mola de lâmina é SUP9. O modelo de EF da mola de lâmina foi gerado no CATIAV5R17 e importado para o ANSYS-11 para análise de elementos finitos, que é a ferramenta CAE mais popular. A análise de elementos finitos da mola de lâmina foi efectuada através da discretização do modelo em nós e elementos infinitos e do refinamento da condição de fronteira subdefinida. Os resultados pretendidos são a tensão de flexão e a deformação. Para concluir, foi efectuada uma comparação entre os resultados experimentais e os resultados da análise de elementos finitos.

Pankaj Saini, Ashish Goel e Dushyant Kumar Reduzir o peso e, ao mesmo tempo, aumentar ou manter a resistência dos materiais compósitos está a tornar-se uma questão de investigação muito importante no mundo moderno. Os materiais compósitos são uma das famílias de materiais que atraem os investigadores e constituem soluções para os problemas em causa. Neste artigo, o autor descreve o projeto e a análise de uma mola de lâmina em material compósito. O objetivo é comparar a redução de peso da mola de lâmina composta com a da mola de aço. A restrição do projeto é a rigidez. A indústria automóvel está a substituir a mola de lâmina de aço por uma mola de lâmina compósita, uma vez que os materiais compósitos têm uma relação força/peso e uma boa resistência à corrosão. O material selecionado foi o polímero reforçado com fibra de vidro (E-glass/epóxi), o epóxi de carbono e o epóxi de grafite, que é utilizado em vez do aço convencional. Os parâmetros de conceção foram selecionados e analisados para minimizar o peso da mola de lâmina composta em comparação com a mola de lâmina de aço. A mola de lâmina foi modelada em Auto-CAD2012 e a análise foi efectuada utilizando o software ANSYS 9.0.

Shisha Amare Gebremeske Reduzir o peso e, ao mesmo tempo, aumentar ou manter a resistência dos produtos está a tornar-se uma questão de investigação muito importante no mundo moderno. Os materiais compósitos são uma das famílias de materiais que estão a atrair os investigadores e que constituem soluções para estas questões. Neste projeto, considera-se a possibilidade de reduzir a luminosidade dos veículos e aumentar ou manter a resistência dos seus aspargos. Uma mola de lâmina contribui com um peso considerável para o veículo e precisa de ser suficientemente forte. Uma única mola de lâmina de vidro E/epóxi é projectada e simulada de acordo com as regras de conceção dos materiais compósitos, considerando apenas a carga estática.

A conceção de molas de lâmina com secção transversal constante é utilizada para tirar partido da facilidade de análise da conceção e do seu processo de fabrico. E mostra-se que as tensões resultantes do projeto e da simulação são muito inferiores às propriedades de resistência do material, satisfazendo o critério de falha de tensão máxima. A mola de lâmina compósita projectada também atingiu uma vida à fadiga aceitável. O seu protótipo também foi produzido utilizando o método de colocação manual.

Jadhav Mahesh, Zoman Digambar B, YR Kharde e R R Kharde foram feitos esforços para reduzir o custo das molas de lâminas compósitas em relação às molas de lâminas de aço. A redução do peso e a melhoria adequada das propriedades mecânicas tornaram o material compósito um material de substituição do aço convencional. Os materiais e os processos de fabrico são selecionados em função do custo e do fator de resistência. O método de conceção é selecionado com base na produção. A partir do estudo comparativo, verifica-se que as molas de lâmina compósitas são mais elevadas e mais económicas do que as molas de lâmina convencionais. Após o uso prolongado da mola helicoidal metálica convencional, a sua resistência diminui e o veículo começa a correr de costas para baixo e também bate nos batentes (ou seja, no chassis). Este problema é totalmente eliminado pelas nossas molas de lâminas compostas para fins especiais.

As estruturas compósitas de Santhosh Kumar e Vimal Teja têm muitas vantagens em relação às estruturas metálicas convencionais devido à maior rigidez e resistência específicas dos materiais compósitos. A indústria automóvel tem demonstrado um interesse crescente na substituição das molas de aço por molas de lâmina compósitas de fibra de vidro devido à elevada relação resistência/peso. Este trabalho trata da substituição de molas de lâminas de aço convencionais por molas de lâminas monocompósitas utilizando E-Glass/Epoxy. Os parâmetros de projeto foram selecionados e minimizando a relação entre o peso e a resistência da mola em comparação com a mola de aço foi modelada e a análise foi feita utilizando o software ANSYS Metaphysics

Manas Patnaik, L.P. Koushik e Manoj Mathew foram realizadas numa mola de lâmina parabólica de um mini-camião. A mola foi analisada através da aplicação de uma carga de 3800N e os valores correspondentes de tensão e deslocamento foram calculados. Neste trabalho, o projeto de experiências foi aplicado a várias configurações da mola (isto é, variando a curvatura e a distância entre os olhos). A curvatura e o vão de uma mola de lâmina parabólica foram encontrados para otimizar o valor da tensão e do deslocamento utilizando redes neurais artificiais. Foram treinadas várias redes com diferentes arquitecturas e a rede com o melhor desempenho foi utilizada para a otimização.

Baviskar A. C.1, Bhamre V. G.2, Sarode S. S.3 (ISSN 2250-2459, Revista com certificação ISO 9001:2008, Volume 3, Número 6, junho de 2013. O objetivo deste artigo de revisão é apresentar um estudo geral sobre a conceção e a análise de molas de lâmina. O sistema de suspensão de um veículo afecta significativamente o comportamento do veículo, ou seja, as caraterísticas de vibração, incluindo o conforto de condução, a estabilidade, etc. As molas de lâmina são normalmente utilizadas no sistema de suspensão do veículo e estão sujeitas a milhões de ciclos de tensão variáveis que conduzem à falha por fadiga.

Tem sido efectuada muita investigação para melhorar o desempenho das molas de lâmina. Atualmente, a indústria automóvel tem demonstrado interesse na substituição das molas de aço por molas de lâminas compósitas. Em geral, verifica-se que o material de fibra de vidro tem melhores caraterísticas de resistência e é mais leve em comparação com o aço para o feixe de molas. Neste documento, são revistos alguns artigos sobre a conceção e a análise do desempenho das molas de lâmina e a previsão da vida à fadiga das molas de lâmina. Há também a análise da falha na mola de lâmina. Para tal, é efectuada a análise do feixe de molas com ANSYS. Os fabricantes de automóveis podem reduzir o custo e o tempo de desenvolvimento de produtos, melhorando simultaneamente a segurança, o conforto e a durabilidade dos veículos que produzem. A capacidade de previsão das ferramentas CAE progrediu ao ponto de grande parte da verificação do projeto ser agora feita utilizando a simulação por computador em vez de testes de protótipos físicos.

Bhushan, Deshmukh, Dr. Santosh e B. Jaju Int J Engg Tech sci. A redução do peso é atualmente a principal questão na indústria automóvel. A redução do peso pode ser conseguida principalmente através da introdução de melhores materiais, da otimização do design e de melhores processos de fabrico. A introdução do material FRP tornou possível reduzir o peso da mola sem qualquer redução da capacidade de carga. O facto de se conseguir uma redução do peso com uma melhoria adequada das propriedades mecânicas fez do compósito um excelente material de substituição do aço convencional. A seleção do material baseia-se no custo e na resistência do material. Os materiais compósitos têm uma maior capacidade de armazenamento de energia de deformação elástica e uma elevada relação resistência/peso em comparação com os materiais de aço. O artigo apresenta uma breve análise da adequação das molas de lâminas compósitas nos veículos e das suas vantagens. O objetivo do presente trabalho é a conceção, a análise e o fabrico de uma mola de lâmina mono-compósita. As restrições de projeto são as tensões e as deformações. A análise de elementos finitos é efectuada utilizando o software ANSYS. Foi feita uma tentativa de fabricar o lâmina de mola em PRFV de forma mais económica do que o lâmina de mola convencional.

Venkatesan e Helmen Devaraj descrevem a conceção e a análise experimental de uma mola de lâmina compósita feita de polímero reforçado com fibra de vidro. O objetivo é comparar a capacidade de carga, a rigidez e a economia de peso da mola de lâmina compósita com a da mola de lâmina de aço. As restrições de projeto são as tensões e as deformações. São tomadas as dimensões de uma mola de lâmina de aço convencional existente num veículo comercial ligeiro. Utilizam-se as mesmas dimensões da mola de lâmina convencional para fabricar uma mola de lâmina múltipla em compósito e um laminado unidirecional de vidro/epóxi. A análise estática do modelo 2a-3D da mola de lâmina convencional é também efectuada utilizando o ANSYS10 e comparada com os resultados experimentais. A análise de elementos finitos com carga de faull e o modelo 3-D da mola multi-folhas compósita é efectuada utilizando o ANSYS10 e os resultados analíticos são comparados com os resultados experimentais. Em comparação com a mola de aço, verifica-se que a mola de lâmina compósita tem uma tensão 67,35% inferior, uma rigidez 64,95% superior e uma frequência natural 126,98% superior à da mola de lâmina de aço existente. A utilização da mola de lâmina composta optimizada permite uma redução de peso de 76,4%.

Gulur Siddaramanna e shivashankar, Sambagam estão interessados na substituição da mola de aço por uma mola de lâmina composta de fibra de vidro devido à elevada relação resistência/peso. Por conseguinte, o objetivo deste artigo é apresentar um fabrico de baixo custo de uma mola de lâmina monocompósita completa e de uma mola de lâmina monocompósita com juntas de extremidade coladas. Foi concebida uma folha única com espessura e largura variáveis para uma área de secção transversal constante de plástico reforçado com fibra de vidro unidirecional (GFRP) com propriedades mecânicas e geométricas semelhantes às da mola de folhas múltiplas, que foi fabricada (técnica de colocação manual) e testada. Foi utilizado um algoritmo informático em linguagem C para a conceção de uma mola de lâmina de secção transversal constante.

Os resultados mostraram que a largura de uma mola diminui hiperbolicamente e a espessura aumenta linearmente a partir dos olhais da mola em direção ao assento do eixo. Os resultados dos elementos finitos utilizando o software ANSYS, que mostram as tensões e as deformações, foram verificados com os resultados analíticos e experimentais. As restrições de projeto foram as tensões (critério de falha de Tsai-Wu) e o deslocamento. Em comparação com a mola de aço, a mola compósita tem tensões muito mais baixas, a frequência natural é mais elevada e o peso da mola é quase 85% inferior com a junta de extremidade ligada e com a unidade de olhal completa.

Patunkar1e Dolas As molas de lâmina são um dos componentes de suspensão mais antigos e continuam a ser frequentemente utilizadas, especialmente em veículos comerciais. A literatura anterior mostra que os feixes de molas são concebidos como elementos de força generalizados, em que a posição, a velocidade e a orientação da montagem do eixo determinam as forças de reação nas posições de fixação do chassis. Outra parte que tem de ser focada é o facto de a indústria automóvel ter demonstrado um interesse crescente na substituição das molas de aço por molas de lâminas compósitas devido à elevada relação resistência/peso. Por conseguinte, a análise do material compósito torna-se igualmente importante para estudar o comportamento das molas de lâmina compostas. O objetivo deste artigo é apresentar a modelação e a análise de uma mola de lâmina mono-composta (GFRP) e comparar os seus resultados. A modelação é feita utilizando o Pro-E (Wild Fire) e a análise é efectuada utilizando o software ANSYS 10.0 para uma melhor compreensão

CAPÍTULO 3

METODOLOGIA

3.1 SELECÇÃO DE MATERIAIS PARA FOLHAS DE AÇO E COMPÓSITAS

PRIMAVERA

3.1.1 Construção da mola de lâmina

Uma mola de lâmina comummente utilizada nos automóveis tem uma forma semi-elíptica. É constituída por uma série de placas (conhecidas como beiradas). As folhas têm geralmente uma curvatura inicial ou são curvadas de modo a tenderem a endireitar-se sob a carga. As folhas são mantidas juntas por meio de uma cinta que as envolve no centro ou por um parafuso que passa pelo centro. Uma vez que a banda exerce um efeito de rigidez e reforço, o comprimento efetivo da mola para flexão será o comprimento total da mola menos a largura da banda. No caso de um parafuso central, a distância de dois terços entre os centros do parafuso em U deve ser subtraída do comprimento total da mola para encontrar o comprimento efetivo. A mola é fixada à caixa do eixo por meio de parafusos em U.

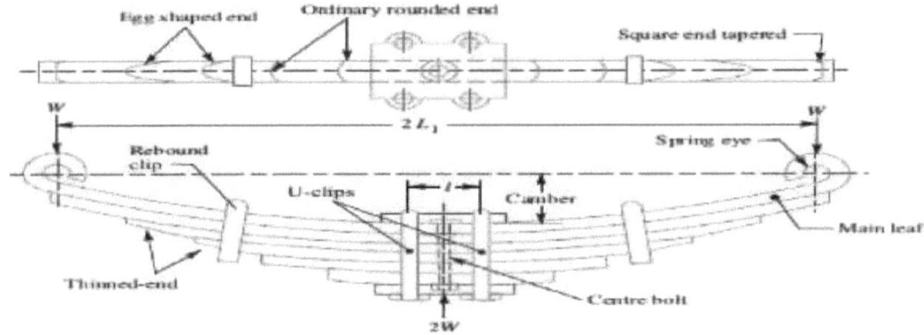

Fig.3.1Mola de folha semi-elíptica

3.2 MOLA DE FOLHA SEMI-ELÍPTICA

A folha mais comprida, conhecida como folha principal ou folha mestra, tem as extremidades em forma de olhal, através do qual são passados os parafusos para fixar a mola aos seus suportes. Normalmente, os olhais, através dos quais a mola é fixada ao gancho ou à manilha, são providos de casquilhos de algum material antifricção, como o bronze ou a borracha.

As outras folhas da primavera são designadas por folhas graduadas. Para evitar escavações nas folhas adjacentes, as extremidades das folhas graduadas são aparadas de várias formas. Uma vez que a folha principal tem de suportar cargas de flexão vertical, bem como cargas devidas à deslocação lateral do veículo e à torção, por conseguinte, devido à presença de tensões causadas por estas cargas, é habitual fornecer duas folhas de comprimento total e as restantes folhas graduadas. Os grampos de recuperação estão localizados em posições intermédias no comprimento da mola, de modo a que as folhas graduadas também partilhem as tensões induzidas nas folhas de comprimento total quando a mola recupera.

3.3 MATERIAL UTILIZADO NA MOLA DE FOLHA

O requisito básico para o aço para molas é que deve ter uma capacidade de endurecimento suficiente em relação à espessura da folha para garantir uma estrutura totalmente martensítica em toda a secção transversal da mola de lâmina.

A norma japonesa JISG4801 para aço para molas enformado a quente pode ser amplamente aplicada a molas helicoidais e molas de lâmina de automóveis. O aço SUP9, Mn-Cr, apresenta uma boa deformabilidade a quente e uma boa temperabilidade para ser aplicado em estabilizadores, barras de torção e molas helicoidais de dimensões relativamente grandes. O SUP9A, que é equivalente ao aço SAE5160, tem basicamente a mesma composição química que o SUP9, com um pouco mais de carbono e uma gama mais elevada de Mn e Cr para melhorar a sua temperabilidade. O silício é o principal componente da maioria das ligas de aço para molas. A composição do aço sup 9 é a seguinte

3.3.1 Caraterísticas básicas dos materiais das molas

As caraterísticas básicas dos materiais das molas são:

1. Propriedades mecânicas estáticas, nomeadamente resistência à tração, limite de elasticidade, limite de deflexão da mola, dureza e módulo de elasticidade.
2. Propriedades dinâmicas, nomeadamente a resistência à fadiga (vida à fadiga a uma amplitude de tensão constante, ou limite de resistência à fadiga),
3. fluência (deformação progressiva do material a uma tensão constante) ou relaxamento de tensões (diminuição da tensão dependente do tempo sob uma restrição constante), que provoca uma fixação permanente, e
4. Resistência à corrosão.

Para além destas caraterísticas, o módulo de elasticidade, que pode afetar grandemente as caraterísticas da mola, é aqui analisado

O módulo de elasticidade de um material metálico a temperatura constante tem sido considerado como uma constante insensível à microestrutura, determinada apenas pelas composições químicas. No entanto, as exigências de uma avaliação mecânica mais precisa das peças têm vindo a aumentar para aplicar um módulo de elasticidade mais preciso. (Materiais para molas)

3.4 PROPRIEDADES MECÂNICAS DA MOLA DE LÂMINA

Os aços com a mesma dureza na condição martensítica temperada têm aproximadamente as mesmas resistências ao escoamento e à tração. A ductilidade, medida pelo alongamento e pela redução da área, é inversamente proporcional à dureza. Com base na experiência, as propriedades mecânicas óptimas para aplicações de molas de lâmina são obtidas na gama de dureza 388 a 461 HBN. Uma especificação para molas de lâmina consiste normalmente num conjunto abrangido por quatro destes números de dureza, tais como 415 a 461 HBN (para tamanhos de secção fina)

O desempenho mecânico das molas de lâminas dos veículos é influenciado, de forma complexa, pelo número de pormenores do material e do processamento. Por exemplo, o aço para molas é normalmente sujeito a operações de tratamento térmico a quente, seguidas de processamento mecânico, como a abertura de furos e a pré-ajustagem. Cada uma destas etapas pode afetar significativamente a estrutura e as propriedades do material, bem como os padrões de tensão residual acumulados nas camadas superficiais. A carga de serviço também pode alterar os níveis originais de tensão residual como resultado do relaxamento cíclico das tensões.

3.5 FABRICO DE MOLAS DE LÂMINA

Nas obras de engenharia da Landhi são fabricadas molas de várias folhas para a suspensão do veículo a partir de aço de baixa liga e médio carbono (aço cromo-manganês) JIS G4801sup9 sob a forma de uma barra plana com uma secção transversal diferente para diferentes veículos. O material Sup 9 é fabricado localmente na siderurgia popular de Karachi. As etapas de fabrico da mola de lâmina utilizadas nos trabalhos de engenharia da Landhi estão representadas no diagrama de fluxo.

Fig.3.2 fabrico de uma mola de lâmina

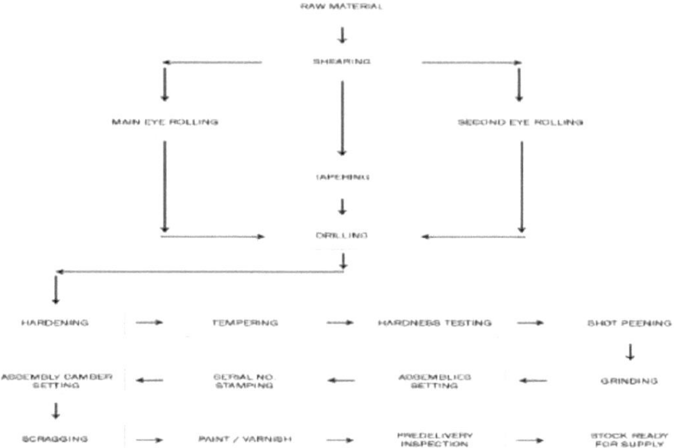

Fig.3.3 Fluxograma do processo de fabrico da mola de lâmina

As etapas de fabrico apresentadas no fluxograma da Fig. 3.3 são descritas resumidamente a seguir.

3.5.1 Cisalhamento

O corte de barras de aço com a especificação necessária utilizando uma máquina de corte é conhecido como corte.

3.5.2 Rolamento do olho principal

Após o corte, as barras são levadas para a máquina de laminagem para dobrar os cantos/extremidades. Este passo é conhecido por laminagem ocular.

3.5.3 Afunilamento

O afunilamento é um processo de criação de uma estrutura semelhante a uma curva, dobrando as barras planas.

3.5.4 Perfuração

Ao fazer furos no centro de todas as lâminas, são produzidos furos para fixar a mola de lâminas com porcas e parafusos.

3.5.5 Endurecimento

Endurecimento de uma liga ferrosa por automatização e arrefecimento suficientemente rápido para que parte ou a totalidade da austenite se transforme em martensite. Uma taxa de arrefecimento muito rápida força o carbono a permanecer em solução e a austenite transforma-se em martensite. A martensite é uma solução sólida intersticial supersaturada de carbono em ferro α e tem uma estrutura tetragonal de corpo centrado. A martensite é muito dura e quebradiça. A temperatura de austenitização do aço de baixa liga (Mn-Cr) é (850-900 ^{0}c).

3.5.6 Têmpera

A martensite formada no aço endurecido por têmpera é extremamente frágil, dura e sujeita a grandes tensões; a fissuração e a distorção do artigo endurecido são susceptíveis de ocorrer após a têmpera. Por esta razão, a utilização de aço neste estado é desaconselhada, exceto nos casos em que é necessária uma dureza extrema.

Por conseguinte, é necessário regressar ao equilíbrio, após o endurecimento por têmpera, aquecendo o aço (endurecido) a uma temperatura inferior à temperatura crítica inferior (A1); trata-se da têmpera. Nas obras de Landhi, as molas de lâmina, depois de endurecidas, são temperadas a uma temperatura de 430-500 °C.

3.5.7 Ensaio de dureza

A dureza é a propriedade do material de resistir à deformação plástica, normalmente por indentação. Testes como Brinell, Rockwell, Vickers, etc., são geralmente utilizados para medir a dureza. Nos trabalhos de engenharia da Landhi, é utilizado o aparelho de ensaio Brinell.

3.5.8 Shot Peening

Este processo resulta no aumento do tempo de vida à fadiga da barra de aço e a areia é normalmente aplicada nos produtos que são fabricados. Este processo é efectuado numa máquina especificamente concebida para o efeito; as pequenas esferas de aço atingem a superfície da mola de lâmina e induzem tensões na superfície, o que provoca um aumento da vida à fadiga.

Em seguida, é efectuada a lixagem necessária das superfícies das folhas. Finalmente, as barras de diferentes tamanhos são montadas por parafuso central e os seus números de série e de identificação são perfurados nelas Antes de serem pintadas e envernizadas, são testadas quanto à altura do arco de curvatura.

As molas de lâmina semi-elípticas são quase universalmente utilizadas para a suspensão de veículos comerciais ligeiros e pesados . Também nos automóveis, são muito utilizadas na suspensão traseira

A mola é constituída por um certo número de folhas chamadas lâminas. As lâminas têm um comprimento variável. Normalmente, as lâminas têm uma curvatura inicial ou são curvadas de modo a tenderem a endireitar-se sob a carga. A mola de lâminas baseia-se na teoria de uma viga de resistência uniforme. A lâmina mais comprida tem olhais nas suas extremidades. Esta lâmina é designada por lâmina principal ou mestre, as restantes lâminas são designadas por lâminas graduadas. Todas as lâminas estão ligadas entre si por meio de cintas de aço.

A mola é montada no eixo do veículo. Toda a carga do veículo repousa sobre a mola de lâmina. A extremidade dianteira da mola está ligada à estrutura com uma junta de pinos simples, enquanto a extremidade traseira da mola está ligada a uma manilha. A manilha é o elo flexível que liga o olhal traseiro da mola de lâmina à estrutura. Quando o veículo se depara com uma saliência na superfície da estrada, a roda move-se para cima, o que leva à deflexão da mola. Este facto altera o comprimento entre os olhais da mola.

3.6 SISTEMA DE SUSPENSÃO

O chassis do automóvel é montado nos eixos, não diretamente, mas sob a forma de molas. Isto é feito para isolar a carroçaria do veículo dos choques da estrada, que podem ser sob a forma de ressalto, inclinação, rotação ou oscilação. Estas tendências dão origem a uma condução desconfortável e também causam stress adicional na estrutura do automóvel, seja ele qual for. Toda a parte que desempenha a função de isolar o automóvel dos choques da estrada é designada coletivamente por sistema de suspensão. Inclui o dispositivo de mola utilizado e várias fixações para o mesmo.

Em termos gerais, o sistema de suspensão é composto por uma mola e um amortecedor. A energia do choque rodoviário provoca a oscilação da mola. Estas oscilações são limitadas a um nível razoável pelo amortecedor, que é mais vulgarmente designado por amortecedor.

3.6.1 Objetivo da suspensão

1. Para evitar que os choques da estrada sejam transmitidos aos componentes do veículo.
2. Para proteger os ocupantes dos choques da estrada
3. Preservar a estabilidade do veículo em caso de picagem ou rolamento, quando em movimento.

3.7 TENSÃO IGUALADA NAS FOLHAS DA MOLA (NIPPING)

Já discutimos que a tensão nas folhas de comprimento total é 50% maior do que a tensão nas folhas graduadas. Para utilizar o material da melhor forma possível, todas as folhas devem ser submetidas à mesma tensão. Esta condição pode ser obtida das duas formas seguintes.

1. Ao fazer com que as folhas de comprimento total tenham uma espessura menor do que as folhas graduadas. Deste modo, as folhas de comprimento total induzirão uma menor tensão de flexão devido à pequena distância entre o eixo neutro e o bordo da folha.
2. Ao dar um raio de curvatura maior às folhas de comprimento total do que às folhas graduadas, antes de as folhas serem montadas para formar uma mola, será deixado um espaço ou folga entre as folhas. Esta folga inicial é designada por "nip". Quando o parafuso central, que mantém as várias folhas juntas, é apertado, a folha de comprimento total dobra-se para trás e tem uma tensão inicial na direção oposta à da carga normal. As folhas graduadas terão uma tensão inicial na mesma direção que a da carga normal. As folhas graduadas terão uma tensão inicial na mesma direção que a da carga normal.
3. Quando a carga é gradualmente aplicada à mola, a folha de comprimento total é primeiro

aliviada desta tensão inicial e depois tensionada na direção oposta. Consequentemente, a folha de comprimento total sofrerá menos tensão do que a folha graduada. A folga inicial entre as folhas pode ser ajustada de modo a que, em condições de carga máxima, a tensão em todas as folhas seja igual ou, se desejado, as folhas de comprimento total possam ter a tensão mais baixa. Isto é desejável em molas de automóveis em que as folhas de comprimento total são concebidas para uma tensão mais baixa porque as folhas de comprimento total suportam cargas adicionais causadas pela oscilação do automóvel, torção e, em alguns casos, pela condução do automóvel através das molas traseiras.

Uma mola de lâmina pode ser fixada diretamente à estrutura em ambas as extremidades ou fixada diretamente numa extremidade, normalmente na frente, com a outra extremidade fixada através de uma manilha, um braço oscilante curto.

A manilha absorve a tendência da mola de lâmina para se alongar quando comprimida e, por conseguinte, torna a mola mais suave. Existem diferentes variedades de feixes de molas que são utilizadas de acordo com as necessidades.

3.8 TIPOS DE MOLAS DE LÂMINAS

Elíptico

Semi-elíptico

3.9 SELECÇÃO DO MATERIAL COMPÓSITO

3.9.1 Materiais experimentais

São três os tipos de materiais utilizados neste estudo:1.] Aço2.] E-Glass/Epoxy3.] Juta/Evidro/Epoxy65Si7 é o tipo mais popular de aço para molas utilizado nas molas de lâminas para automóveis.

Tabela 3.1: Propriedades mecânicas do 55Si7.

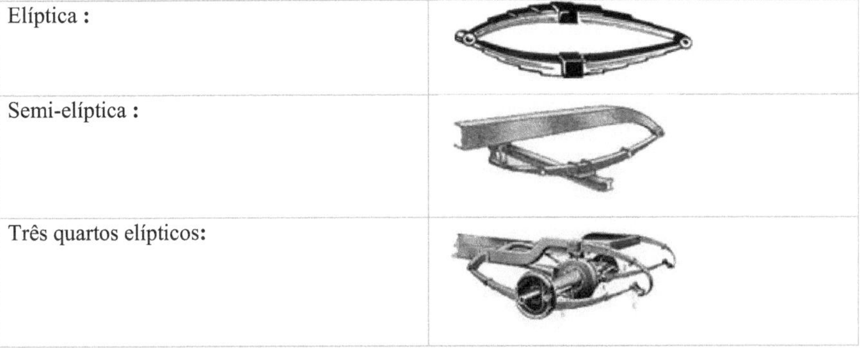

Elíptica :	
Semi-elíptica :	
Três quartos elípticos:	

Quartel-elíptico :	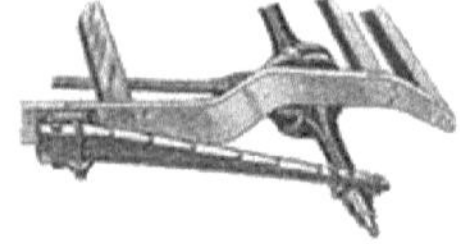

Fig.3.4 Tensão igualizada nas folhas da mola (Nipping)

Parâmetro	Módulo de Young	Coeficiente de Poisson	Resistência à tração	Densidade
Valor	190-210MPa	0.27-0.30	572,3MPa	1000 kg/m³

As molas são concebidas para absorver e armazenar energia e depois libertá-la. Por conseguinte, a energia de deformação do material torna-se um fator importante na conceção das molas. A relação da energia de deformação específica pode ser expressa como

$$U = \sigma^2/\rho E$$

Onde, σ é a resistência, ρ é a densidade e E é o módulo de elasticidade do material da mola. Pode ser facilmente observado que o material com menor módulo e densidade terá uma maior capacidade de energia de deformação específica. A investigação indicou que o vidro E/epóxi tem boas caraterísticas para armazenar energia de deformação específica, uma vez que o vidro E tem

O módulo de elasticidade e a densidade são inferiores aos do aço. Por isso, o vidro E/epóxi é selecionado como material compósito. Neste trabalho de investigação, é introduzida uma fibra natural, ou seja, a juta, no vidro E/epóxi para desenvolver um material compósito híbrido que pode reduzir o peso e o custo da mola de lâmina.

Para o trabalho experimental, utiliza-se a resina epóxi ARALDITE LY-556 com uma densidade de 1,1 gm/cm3 e o agente de cura ARADUR HY-951 da HUNTSMAN Ciba-Geigy India Ltd. É utilizado. Utiliza-se fibra de vidro como esteira tecida com densidade superficial de 400 GSM e fibra de juta como esteira tecida com densidade superficial de 350 GSM.

3.10 Preparação de laminados compósitos

Os laminados híbridos de juta tecida e tapete de vidro são preparados pela técnica de colocação manual. É utilizado um molde de aço macio de dimensão 165x165x5 mm para o fabrico da folha de compósito. O molde é revestido com um agente de libertação do molde para facilitar a remoção da amostra. Em primeiro lugar, cortam-se os tapetes de fibra de vidro e de fibra de juta com as dimensões pretendidas, para que possam ser depositados no molde camada a camada durante o fabrico. De seguida, a resina epóxi é pré-aquecida durante cerca de 3 minutos a uma temperatura de 400C para aumentar a fluidez da resina. A resina é então arrefecida e misturada com o endurecedor numa proporção de 10:1 e agitada lentamente durante cerca de 10 a 15 minutos. São utilizadas duas folhas de OHP na parte superior e inferior do molde para obter um acabamento de superfície suave. Deita-se agora uma certa quantidade de resina no molde, tendo o cuidado de evitar a formação de bolhas de ar durante o vazamento. São colocadas dez camadas de tapetes de fibra, uma sobre a outra, com uma camada de resina no meio. Utiliza-se um pincel e um rolo para impregnar os tapetes de fibra e também para evitar a entrada de ar. A fração de peso da fibra é mantida entre 40 e 45%, uma vez que as propriedades mecânicas ideais são alcançadas com esta fração de fibra. Agora o molde é colocado na máquina de moldagem por compressão. Aplica-se uma pressão de cerca de 80 kgf no molde e deixa-se curar à temperatura ambiente durante 24 horas. Após 24 horas, o molde é retirado da máquina de moldagem por compressão e a amostra é retirada do molde. As amostras são preparadas com 100% de vidro, 10% de juta-90% de vidro, 20% de juta-80% de vidro, 30% de juta-70% de vidro e 40% de juta-60% de fibra de vidro.

3.11 Ensaio de propriedades de tração

As propriedades mecânicas, como a resistência à tração, o módulo de Young, o alongamento na rutura e o rácio de Poisson, são medidas utilizando uma máquina de ensaios universal do modelo INSTRON 3382, EUA, com uma capacidade de carga máxima de 100 KN. O ensaio de tração é realizado de acordo com a norma ASTMD-638 a uma velocidade de ensaio de 2 mm/min para cada composição, são efectuadas cinco medições e são comunicados os valores médios da resistência, do módulo, do alongamento na rutura e do rácio de Poisson. As composições 100% vidro e 20% juta-80% vidro, ambas com epóxi como matriz de base, são selecionadas para aplicação em molas de lâminas de automóveis.

Tabela 3.2: Propriedades mecânicas do E-glass/Epoxy.

Parâmetro	**Jovens Módulo**	**Coeficiente de Poisson**	**Resistência à tração**	**Densidade**
Valor	24000 MPa	0.3	205 MPa	1520 Kg/mm^3

Tabela 3.3: Propriedades mecânicas da Juta/E-vidro/Epoxy.

Parâmetro	**Módulo de Young**	**Coeficiente de Poisson**	**Resistência à tração**	**Densidade**
Valor	21000 MPa	0.22	185 MPa	1460 Kg/mm^3

A metodologia adoptada para o presente trabalho é a seguinte.

- O presente trabalho está relacionado com o estudo comparativo dos pormenores do componente "55 Si 7 steel and composite leaf spring".
- Os detalhes do componente são estudados e preparados em modelo 3-D no software

CATIAV5.

- O componente é estudado quanto ao funcionamento necessário para transmitir os diferentes tipos de cargas sobre ele. Conceber o componente com a forma e as dimensões pretendidas e analisá-lo.
- Os cálculos de projeto são efectuados para o componente da mola de lâmina com a ajuda das propriedades do material que são especificadas pela investigação anterior.
- O trabalho de análise é efectuado através da importação do modelo 3-D para o software Ansys. Um modelo FEM de mola de lâmina, com apenas uma lâmina, é criado utilizando o processador Ansys. As propriedades dos materiais, as cargas e as condições de fronteira são também especificadas no processador Ansys.
- O trabalho de análise é efectuado através da aplicação de cargas na mola de lâmina e, em seguida, são obtidos os resultados como a tensão, a deformação e a deformação total.
- Os resultados são comparados com as propriedades do material utilizado para o componente. Verificamos então que os resultados obtidos com o MEF estão dentro das propriedades do material. Verificamos que o componente pode suportar determinadas cargas durante o funcionamento.

3.12 Tamanho padrão da mola de suspensão do automóvel

Seguem-se as dimensões normalizadas das molas de suspensão para automóveis:

1. Standardnominalwidthsare:32,40*,45,50*,55,60*,65,70*,75,80,90,100and125 mm. (As dimensões assinaladas com * são as larguras preferenciais)
2. As espessuras nominais padrão são: 3.2,4.5, 5,6, 6.5, 7,7.5, 8,9, 10,11, 12,14 e 16mm.
3. No olho, são recomendados os seguintes diâmetros de furo: 19,20,22,23,25,27,28,30, 32,35, 38, 50 e 55 mm.
4. As dimensões dos parafusos centrais, se utilizados, devem ser as indicadas no quadro seguinte.

As molas de lâmina também são fabricadas com várias ligas de aço de qualidade fina. Os tipos de aço para molas mais utilizados são 55 Si 7,60 SiCr7, 50CrV4. Na Índia, a UAW fabrica molas utilizando os tipos de aço EN 45A, 55 Si 7, 60 Si 7, 65 Si 7, 55 Si Cr 7, 60 Si Cr 7 e 65 Si Cr 7. Os planos devem estar isentos de defeitos como tubagens, costuras, fissuras nos bordos, ligações nas extremidades, corrosão e outros defeitos de laminagem. Os planos devem, em geral, ter arestas redondas. Os bordos devem ser laminados de forma convexa, sendo o raio de curvatura do bordo aproximadamente igual à espessura do plano ou conforme acordado entre o comprador e o fornecedor. São utilizadas diferentes secções transversais de aço para o fabrico de molas de lâmina, dependendo do projeto. A composição química do aço para molas acima referido é a indicada no quadro 3.4.

Tabela 3.4: Composição química dos diferentes graus.

	GRAU	C	Si	Mn	S	P	Cr	V
1	**PT 45A**	0.55 0.65	1.70 2.10	0.70-1.00	0,040 Máximo	0,040 Máximo	-	-
2	**55 Si7**	0.55-0.6	1.50 1.80	0.70.1.00	0,045 Máximo	0,045 Máximo	-	-
3	**60 Si7**	0.55 0.65	1.50 2.00	0.80-1.00	0,040 Máximo	0,040 Máximo	-	-
4	**65 Si7**	0.60 0.68	1.50 1.80	0.70-1.00	0,050 Máximo	0,050 Máximo	-	-

CAPÍTULO 4

MODELAÇÃO DE UMA MOLA DE FOLHA

4.1 Mola de lâmina semi-elíptica standard

Este capítulo envolve a determinação da tensão de flexão através de fórmulas matemáticas. A determinação do comprimento das folhas da mola, consequentemente o ângulo de rotação e o raio de curvatura de cada folha, são utilizados na modelação geométrica. Existe uma diferença de medição entre os termos "arco de mola" e "curvatura da mola". Ambos são uma medida de altura e ambos são referenciados a partir da superfície de montagem central. O arco é medido até ao centro dos olhais de montagem das extremidades. A curvatura é medida até ao topo da folha principal imediatamente abaixo do centro dos olhais de extremidade. Assim, se carregar a mola até a folha principal ficar plana, a curvatura será zero, mas o arco será 1/2 do diâmetro do olhal da extremidade.

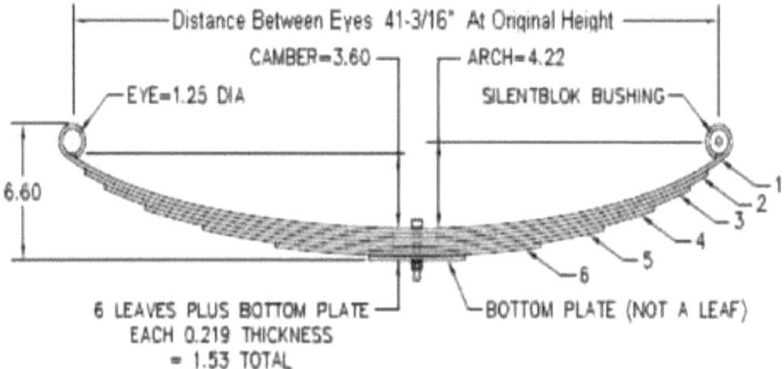

Fig.4.1. Mola de lâmina semi-elíptica normalizada

Distância entre os olhos = 1100

Camber=96,8

Altura= 167,64

Para a mola de lâmina na sua forma original,

Camber livre = 3,60" (especificação de fábrica) olho da mola = 1-1/4" de diâmetro (0,625" de raio). Espessura da folha = 7/32"

Número de folhas funcionais=6

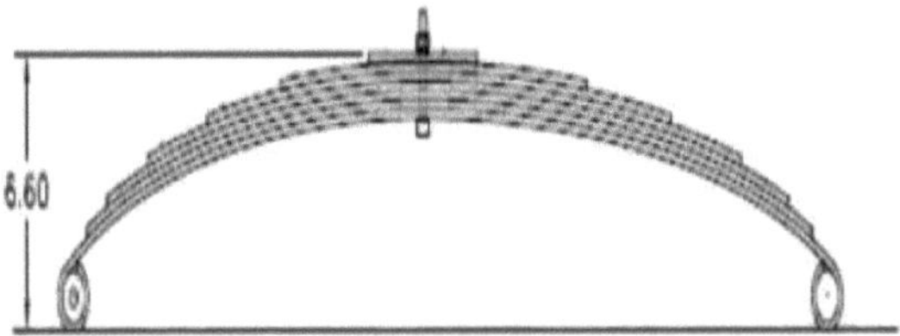

Fig.4.2. Altura semi-padrão da mola de lâmina elíptica

Se colocar a mola de lâmina original no chão, virada para baixo, e começar a medir do chão para cima, obtém:

0,22= Espessura do laço superior

1,25 = Diâmetro interior do olho

3,60=Camber livre

1,31=Espessura da mola (7/32 x 6 folhas)

0,22=Placa de fundo (curta, plana, não funcional)

6,60=Altura total da mola, sem incluir o parafuso central

4.2 COMPRIMENTO DAS FOLHAS DA MOLA DE LÂMINA

O comprimento das folhas da mola de saída é obtido da seguinte forma

Deixar

2LI=Comprimento do vão ou comprimento total da mola

I= Distância entre os centros dos parafusos em U

É o comprimento ineficaz (I.L) da mola de lâmina nF= Número de folhas de comprimento total

nG = Número de folhas graduadas e

n=Número total de folhas =nF+nG

E.L =Comprimento efetivo da mola = 2LI- (2/3)I

$$\text{Length of smallest leaf} = \frac{\text{Effective length X1+Ineffectivelength}}{n-1}$$

Comprimento efetivo X1+Comprimento não efetivo

Comprimento da folha mais pequena=

$$\text{Length of next leaf} = \frac{\text{Effective length}}{n-1}\text{X2+Ineffectivelength}$$

Comprimento da folha seguinte=Comprimento efetivo X2+Comprimento não efetivo

Da mesma forma,

$$\text{Length of } (n-1)^{th} = \frac{\text{Effective length } X1+X(n-1) + \text{In effective length}}{n-1}$$

Comprimento efetivo X1+X(n-1) +Comprimento efetivo

Comprimento de (n- 1)th=

Comprimento da folha principal =2Ll+2n (d+t)

Onde

d= Diâmetro interior do olho

t=Espessura da folha principal

Relação entre o raio de curvatura (R) e a curvatura (C) da mola C (2R - C) = Li^2

Tabela 4.1: Parâmetros de projeto da mola de lâmina de aço.

Comprimento total da mola de lâmina (olho a olho)	1100 mm
Altura do arco no assento do eixo	170 mm
Espessura da mola de lâmina	6 mm
Largura da mola de lâmina	56 mm
Diâmetro exterior do olho	50 mm
Diâmetro interno do olho	44 mm

A tabela seguinte mostra as especificações de uma mola de lâmina no CATIA V5.

INTRODUÇÃOÀCATIA

Introdução ao CAD/CAM/CAE

O mundo moderno da conceção, do desenvolvimento, do fabrico, etc., em que nos encontramos, não pode ser imaginado sem a interferência do computador. A utilização de computadores é tal que estes se tornaram parte integrante destes domínios. No mercado mundial, a concorrência não é apenas um fator de custo, mas também de qualidade, consistência, disponibilidade, embalagem, armazenamento, entrega, etc. Assim, as exigências obrigam as indústrias a adotar técnicas modernas em vez de técnicas locais, obrigando-as a adaptar técnicas melhores como CAD / CAM / CAE, etc.

A melhor maneira de as indústrias obterem produtos de alta qualidade a baixo custo é utilizar a engenharia assistida por computador (CAE), o desenho assistido por computador (CAD) e o fabrico assistido por computador (CAM). Além disso, foram introduzidas muitas ferramentas para simplificar e satisfazer os requisitos CATIA, PRO-E, UG, entre muitas outras.

Esta penetração da preocupação técnica ajudou os fabricantes a

a) Aumentar a produtividade
b) Reduzir o prazo de entrega
c) Minimizar as despesas de prototipagem
d) Melhorar a qualidade
e) Conceber melhores produtos

CAD: Desenho assistido por computador (Tecnologia para criar, modificar, analisar ou otimizar o desenho utilizando o computador.

CAE: Computer Aided Engineering (Tecnologia para analisar, simular ou estudar o comportamento do modelo cad gerado por computador.

CAM: Fabrico assistido por computador (tecnologia para planear, gerir ou controlar a operação de fabrico através de computador).

Necessidade de CAD, CAE e CAM:

A utilização do CAD CAE e do CAM alterou o panorama das indústrias e desenvolveu uma concorrência saudável e normalizada, uma vez que foi possível atingir o objetivo em pouco tempo e, em última análise, o produto chega ao mercado no tempo previsto com melhor qualidade e consistência. De um modo geral, conduziu a uma abordagem rápida e a um pensamento criativo.

VANTAGENS:

- Corte do tempo de conceção
- Corte do tempo de edição

o Corte do tempo de fabrico

o Qualidade elevada e controlada

o Redução do custo do processo.

o Consistência

o Manutenção dos dados de acesso universal

DESVANTAGENS:

o Requer operadores qualificados

o A definição inicial e a assunção consomem tempo

o O custo de instalação é mais elevado

o As cabeças são altas e

o Aplicável se a produção for elevada

Introdução ao CATIA

CATIA é uma aplicação robusta que lhe permite criar desenhos ricos e complexos. Os objectivos do curso CATIA são ensinar-lhe como construir peças e montagens em CATIA, e como fazer desenhos simples dessas peças e montagens. Este curso centra-se nas competências e conceitos fundamentais que lhe permitem criar uma base sólida para os seus projectos.

Paramétrico

As dimensões e relações utilizadas para criar uma caraterística são armazenadas no modelo. Isto permite-lhe captar a intenção do desenho e efetuar facilmente alterações ao modelo através destes parâmetros. As dimensões de condução são as dimensões utilizadas na criação de uma caraterística. Incluem as dimensões associadas à geometria do esboço, bem como as associadas à própria caraterística. Considere, por exemplo, uma almofada cilíndrica. O diâmetro da almofada é controlado pelo diâmetro do círculo esboçado, e a altura da almofada é controlada pela profundidade a que o círculo é extrudido. Este tipo de informação é normalmente comunicado nos desenhos através de símbolos de controlo de caraterísticas. Ao capturar esta informação no esboço, o CATIA permite-lhe capturar totalmente a intenção do seu desenho desde o início.

Modelação de sólidos:-

Um modelo sólido é o tipo mais completo de modelo geométrico utilizado nos sistemas CAD e contém toda a geometria de estrutura e superfície necessária para descrever completamente as arestas e faces do modelo. Para além da informação geométrica, os modelos sólidos também transmitem a sua topologia, que relaciona a geometria entre si. Por exemplo, a topologia pode incluir a identificação das faces (superfícies) que se encontram em que arestas (curvas). Esta informação facilita a adição de caraterísticas. Por exemplo, se um modelo necessitar de um filete, basta selecionar uma aresta e especificar um raio para o criar.

Totalmente associativo: -

O modelo ACATIA é totalmente associativo com os desenhos e peças ou montagens que lhe fazem referência. As alterações no modelo reflectem-se automaticamente nos desenhos, peças e montagens associados. Da mesma forma, as alterações no contexto do desenho ou da montagem são reflectidas no modelo. **Restrições: -**

As restrições geométricas (como paralelas, perpendiculares, horizontais, verticais, concêntricas e coincidentes) estabelecem relações entre as caraterísticas do modelo, fixando as suas posições umas em relação às outras. Além disso, as equações podem ser utilizadas para estabelecer relações matemáticas entre parâmetros. Ao utilizar restrições e equações, pode garantir que os conceitos de design, como furos passantes e raios iguais, são capturados e mantidos.

O que é o CATIA.

CATIA é um software de desenho mecânico. É uma ferramenta de desenho de modelação sólida paramétrica baseada em caraterísticas que tira partido da interface gráfica do utilizador do Windows, fácil de aprender. Pode criar modelos de sólidos3- D totalmente associativos com ou sem restrições, utilizando relações automáticas ou definidas pelo utilizador para captar a intenção do desenho.

Para clarificar melhor esta definição, os termos em itálico acima referidos serão objeto de uma definição mais pormenorizada:

Baseado em caraterísticas

Assim como uma montagem é composta por um número de peças individuais, um documento CATIA é composto por elementos individuais. Esses elementos são chamados de recursos.

Ao criar um documento, pode adicionar caraterísticas como almofadas, bolsas, orifícios, nervuras, filetes, chanfros e rascunhos. À medida que as caraterísticas são criadas, são aplicadas diretamente à peça de trabalho.

As caraterísticas podem ser classificadas como esboçadas ou de fantasia:

- As caraterísticas baseadas em esboços são baseadas num esboço 2D. Geralmente, o esboço é transformado num sólido 3D através de extrusão, rotação, varrimento ou lofting.
- As caraterísticas de acabamento são caraterísticas que são criadas diretamente no modelo sólido. Os chanfros de filetes de areia são exemplos deste tipo de caraterística.

Interface de utilizador CATIA:

Abaixo está o layout dos elementos da aplicação CATIA padrão.

o Comandos de menu

o Árvore de especificações

o Janela do documento ativo

o Nome do ficheiro e extensão do documento atual

o Ícones para maximizar/ minimizar e fechar a janela

o Ícone do banco de trabalho ativo

o Barras de ferramentas específicas para o banco de trabalho ativo

o Barra de ferramentas padrão

o Bússola

Diferentes tipos de desenhos de engenharia, construção de modelos sólidos, montagens de peças sólidas podem ser efectuados utilizando o inventor.

Os diferentes tipos de ficheiros utilizados são:

1. Ficheiros de peças: Peça CAT
2. Ficheiros de montagem.CAT Produto

Bancadas de trabalho

As bancadas de trabalho contêm várias ferramentas a que pode ser necessário aceder durante a criação da peça. Pode alternar entre quaisquer bancadas de trabalho primárias utilizando as duas formas seguintes:

A. Utilizar o menu Iniciar.

B. Clique em Ficheiro >Novo para criar um novo documento com um determinado tipo de ficheiro. O banco de trabalho associado é iniciado automaticamente. As peças da montagem principal são tratadas como um modelo geométrico individual, que é modelado individualmente num ficheiro separado. Todas as peças são previamente planeadas e geradas caraterística a caraterística para construir o modelo completo

De um modo geral, todos os modelos CAD são gerados com a mesma paixão que a indicada abaixo:

Entrar no ambiente CAD através de um clique, depois entrar no modo de conceção de peças para construir o modelo

- 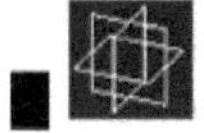 Selecionar o plano como referência básica

-  Entrar no modo de desenhador.

<u>No modo de desenhador:</u>

Ferramenta utilizada para criar uma estrutura básica 2D de uma peça utilizando linhas, círculos, etc.

Ferramenta utilizada para editar a geometria criada, designada por operação

Ferramenta utilizada para dimensionamento e referenciação. Esta ferramenta ajuda a criar relações paramétricas.

A sua funcionalidade externa para visualizar a geometria dentro e fora

: Ferramenta utilizada para sair do modo de esboço depois de criar uma geometria.

- **Recurso baseado em esboço**:

Preenchimento: Ao sair do modo de desenhador, a caraterística deve ser preenchida. (adicionar material)

Bolsa: Após a criação da estrutura de base, tem de ser criada uma bolsa adicional (removendo material)

Revolver: Em torno do eixo, o material é revolvido, a estrutura deve ter o mesmo perfil em torno do eixo.

Nervura: perfil uniforme de varrimento ao longo da trajetória (adição de material)

Ranhura: perfil uniforme de varrimento ao longo da trajetória (remoção de material)

Loft: Trajetória de varrimento não uniforme/perfil não uniforme/plano diferentealongado/não linear

Dress-Up Features

A sua criação 3D de caraterísticas cria chanfros, raios, rascunhos, conchas.

Transformation Feat...

A sua ferramenta é utilizada para mover geometria, espelhar, modelar, dimensionar em ambiente 3D na criação de peças individuais em ficheiros separados.

■ **Ambiente de montagem**: No ambiente de montagem, as peças são recolhidas e restringidas.

Ferramenta de estruturação do produto: para recuperar componentes existentes já modelizados.

Constraints

Montagem das respectivas peças por meio de restrições

Atualização: atualização das restrições efectuadas.

■ As funcionalidades adicionais são: Vista explodida, fotografias instantâneas, análise de conflitos, numeração, lista de materiais, etc.

■ Por fim, criar um projeto para as peças individuais e a montagem com os detalhes possíveis. As peças da montagem principal são tratadas como um modelo geométrico individual, que é modelado individualmente:

: Entrar no ambiente CAD com um clique, depois entrar no modo de conceção de peças para construir o modelo.

: Selecionar o plano como referência básica.

Entrar no modo de desenhador.

No modo de desenhador

Ferramenta utilizada para criar uma estrutura básica de 2-D de uma peça utilizando linhas, círculos, etc.

Ferramenta utilizada para editar a geometria criada, designada por operação.

Ferramenta utilizada para dimensionamento e referenciação. Esta ferramenta ajuda a criar

relação

: Ferramenta utilizada para sair do modo de esboço depois de criar geometria.

Recurso baseado em esboço:

Preenchimento: Ao sair do modo de esboço, a caraterística deve ser preenchida (adicionar material).

Bolsa: Após a criação da estrutura de base, é necessário criar uma bolsa adicional para remover o material)

Revolver: Em torno do eixo, o material é revolvido, e a estrutura deve ter o mesmo perfil em torno do eixo.

Nervura: perfil uniforme de varrimento ao longo da trajetória (adição de material)

Ranhura: perfil uniforme de varrimento ao longo da trajetória (remoção de material)

Loft: Perfil de varrimento não uniforme/uniforme no plano diferente ao longo da trajetória linear/não linear

A sua criação3D de caraterísticas cria chanfros, raios, esboços, conchas, roscas

A sua ferramenta é utilizada para mover geometria, espelhar, modelar e dimensionar em ambiente 3D

4.3.1 MODELO FINAL DO PROJECTO DA MOLA DE LÂMINA EM CATIAV5 PARA 55SI7.

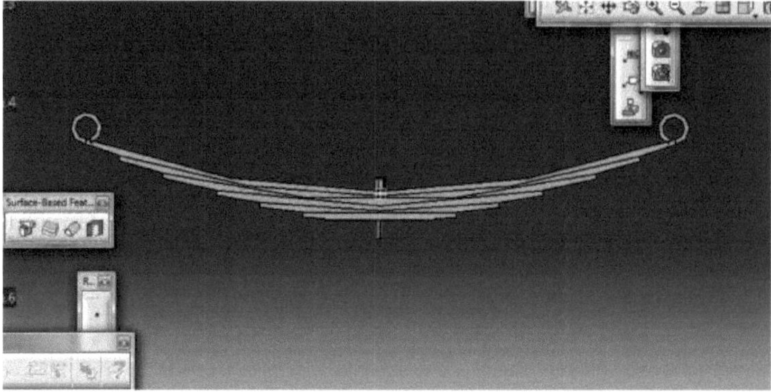

Fig.4.3 55 Mola de lâmina SI7 projectada em Catiav5

4.4 PROCEDIMENTO UTILIZADO PARA OBTER OS RESULTADOS NO ANSYS.

Selecionar o tipo de análise Estrutural estática [Fazer duplo clique] >Dados de engenharia [Fazer duplo clique] >Materiais isentrópicos> Atualizar o projeto (selecionar) >Retornar ao projeto > Geométrica (clicar com o botão direito do rato)>Importar geometria>Navegar> a partir do ambiente de trabalho>Modelo[RC] > Editar > Selecionar geometria > parte selecionar estrutural >Malha (clique direito) > Gerar malha > Selecionar a superfície onde queremos fixar > estática estrutural >> Inserir > Suporte fixo > ctrl Selecionar a superfície b> estática estrutural > inserir > Deslocamento > xo > 250>Zo enter > Clicar com o botão direito do rato na solução > resolver > Clicar com o botão direito do rato na solução > Deformação > Deformação total > Clicar com o botão direito do rato na solução > inserir > tensão > Malha equivalente -von > solução > Inserir > tensão > tensão de corte máxima > solução Clicar com o botão direito do rato > Inserir > tensão > Malha de -von equivalente > Clique com o botão direito do rato na solução > inserir > tensão > tensão de corte máxima > Clique com o botão direito do rato na solução > Avaliar todos os resultados > Deformação total > reproduzir > pré-visualização do próximo relatório Materiais de engenharia + Materiais gerais Al + Adicionar Atualizar projeto voltar ao projeto.

4.5 ANÁLISE DA MOLA DE LÂMINA

Sobre a ANSYS:

Historicamente, as ferramentas de modelação por elementos finitos só eram capazes de resolver os problemas de engenharia mais simples, o que tendia a reduzir o problema a uma dimensão e um âmbito manejáveis. Estas primeiras ferramentas de FEA podiam geralmente resolver problemas lineares e em estado estacionário em duas dimensões. Os factores que forçaram estas simplificações foram a falta de técnicas computacionais eficientes e de capacidade informática para modelar problemas mais complexos da vida real.

Com o avanço das técnicas de cálculo numérico e o aumento da capacidade de computação, as ferramentas de análise também avançaram para resolver problemas mais complexos. Um problema de engenharia da vida real pode envolver diferentes aspectos físicos, como o escoamento de fluidos, a transferência de calor, o eletromagnetismo e outros factores. O método dos elementos finitos tem sido utilizado para resolver com êxito problemas de engenharia em todas estas áreas e o objetivo da maioria dos criadores de software é incluir o mais possível o mundo real na simulação que efectuam.

No entanto, em muitas situações, a utilização de hipóteses simplificadoras, tais como simetria, simetria de eixo, tensão plana, deformação plana, etc., ainda é preferível à utilização de um modelo tridimensional completo devido à eficiência que proporcionam. Estas hipóteses devem ser utilizadas se o problema que está a ser resolvido assim o exigir. Por outras palavras, não há necessidade ou justificação para realizar uma análise tridimensional completa se a simetria estiver presente no problema a resolver.

A filosofia da ANSYS pode ser resumida como uma filosofia que tem como objetivo simular um problema completo de engenharia da vida real. A simulação geralmente começa com a utilização de um modelo CAD tridimensional para construir uma malha de elementos finitos, seguida da imposição de cargas e condições de contorno e, em seguida, calculando a solução para o problema de elementos finitos.

PRODUTOS DA ANSYS

Tecnologia de Simulação: Mecânica Estrutural, Multifísica, Dinâmica de Fluidos, Dinâmica Explícita, Eletromagnetismo, Hidrodinâmica (AQWA).

Tecnologia de Fluxo de Trabalho: ANSYS Work bench Plat form, Computação de Alto Desempenho, Interfaces Geométricas, Processo de Simulação e Gestão de Dados.

HISTÓRIA DA ANSYS

A empresa foi fundada em 1970 pelo Dr. John A. Swanson como Swanson Analysis Systems, Inc. (SASI). SASI. O seu principal objetivo era desenvolver e comercializar software de análise de elementos finitos para física estrutural que pudesse simular problemas estáticos (estacionários), dinâmicos (em movimento) e de transferência de calor (térmicos). A SASI desenvolveu a sua atividade em paralelo com o crescimento da tecnologia informática e das necessidades de engenharia. A empresa cresceu entre 10 e 20 por cento por ano e, em 1994, foi vendida à TA Associates. Os novos proprietários adoptaram o software líder da SASI, denominado ANSYS®, como o seu principal produto e designaram ANSYS, Inc. como o novo nome da empresa.

A ANSYS oferece soluções de simulação de engenharia que são necessárias para cada processo de engenharia. Empresas de uma grande variedade de sectores utilizam o software ANSYS. As ferramentas submetem um produto virtual a um procedimento de teste rigoroso (tal como o embate de um carro contra uma parede de tijolo ou a circulação durante vários anos numa estrada alcatroada) antes de se tornar um objeto físico.

Vantagens da utilização de ANSYS:

Profundidade inigualável

O compromisso da ANSYS é fornecer uma profundidade técnica inigualável em qualquer domínio de simulação. Quer se trate de análise estrutural, fluidos, térmica, electromagnética, malhas ou gestão de processos e dados, temos o nível de funcionalidade adequado às suas necessidades. Através de um investimento significativo em I&D e de aquisições importantes, a riqueza da nossa oferta técnica floresceu. Oferecemos soluções tecnológicas consistentes, escaláveis desde o utilizador casual até ao analista experiente, e sem falhas na sua conetividade. Para além disso, dispomos de especialistas de classe mundial em todos estes domínios, disponíveis para o ajudar a implementar a sua tecnologia ANSYS com sucesso.

Amplitude sem paralelo

Ao contrário de outras empresas de simulação de engenharia, que podem possuir competência em um, ou talvez dois, campos, a ANSYS pode fornecer esta riqueza de funcionalidade através de uma ampla gama de disciplinas, quer seja explícita, estrutural, fluidos, térmica ou electromagnética. Todos estes domínios são suportados por um conjunto completo de tipos de análise, envoltos por um conjunto unificado de ferramentas de malha. Juntos, estes domínios formam as pedras angulares do portfólio ANSYS para o Desenvolvimento de Produtos Orientado para a Simulação, e constituem um portfólio completo de amplitude sem paralelo na indústria.

Multi-física abrangente

Uma base sólida para a física múltipla distingue a ANSYS de outras empresas de simulação de engenharia. A nossa profundidade e amplitude técnica, em conjunto com a escalabilidade do nosso portfólio de produtos, permite-nos acoplar verdadeiramente múltiplas físicas numa única simulação. A profundidade técnica em todos os campos é essencial para compreender as complexas interações de diferentes físicas. A amplitude do portfólio elimina a necessidade de interfaces complicadas entre aplicações diferentes. A capacidade da ANSYS em multi-física é única na indústria; flexível, robusta e arquitectada no ANSYS Workbench para permitir a resolução das mais complexas análises de física acoplada num ambiente unificado.

Escalabilidade projectada

A escalabilidade é uma consideração crítica quando se considera software para objectivos actuais e de longo prazo. Na ANSYS, a escalabilidade de engenharia significa que a flexibilidade de que necessita foi concebida para as suas necessidades específicas. A ANSYS fornece-lhe a capacidade de aplicar a tecnologia a um nível que é apropriado para a dimensão do problema, executá-la numa gama completa de recursos de computação, com base no que é apropriado e disponível e, finalmente, a capacidade de implementar a tecnologia na comunidade de utilizadores da sua empresa. O resultado é uma utilização eficiente e um ótimo retorno do seu investimento, quer tenha um único utilizador ou um compromisso a nível empresarial com o Desenvolvimento de Produtos Baseado na Simulação. À medida que os seus requisitos crescem e o nível de sofisticação e maturidade evolui, a tecnologia da ANSYS também se adapta em conformidade.

Arquitetura adaptativa

As arquitecturas de software adaptáveis são obrigatórias para o mundo atual da conceção e desenvolvimento de engenharia, em que uma multiplicidade de diferentes soluções CAD, PLM, códigos internos e outras soluções pontuais constituem normalmente o processo global de conceção e desenvolvimento. É necessário um ambiente de software que antecipe estas necessidades e lhe forneça as ferramentas e os serviços de sistema para personalização, bem como a interoperabilidade com outros intervenientes. Esta adaptabilidade é um requisito obrigatório e uma caraterística da arquitetura de simulação ANSYS, permitindo que a sua organização aplique o software de uma forma que se adapte à sua filosofia, ambiente e processos. O ANSYS Workbench pode ser a espinha dorsal da sua estratégia de simulação, ou peer-to-peer com outros ambientes de software, ou a tecnologia ANSYS pode ser um plug-in para o seu fornecedor de CAE de eleição. O compromisso da ANSYS com o desenvolvimento de produtos baseado em simulação é o mesmo em qualquer caso.

Passando agora à parte da análise, temos de guardar a peça que foi modelada utilizando a ferramenta que nos ajuda a modelar uma peça num formato que seja compreensível pela ferramenta que utilizamos para efetuar várias análises no modelo de peça criado.

Toda a análise das molas é efectuada utilizando ANSYS para a mola de lâmina composta, sendo utilizados os mesmos parâmetros que os da mola de lâmina convencional. Para a conceção da mola de lâmina, a curvatura é tomada como 91,44. A mola de lâmina é modelada no software CATIA e é importada para o ANSYS. O constrangimento é dado nas duas extremidades com olhal. Uma das extremidades é dotada de movimento de translação de modo a ajustar-se à deflexão. Esta extremidade do olho é livre para se deslocar na direção longitudinal. Este movimento específico ajudará a mola de lâmina a ficar achatada quando a carga é aplicada. A análise da tensão e da deflexão é efectuada para a mola de lâmina convencional e composta utilizando o software ANSYS.

4.5.1 ANÁLISE ESTRUTURAL ESTÁTICA DA FOLHA DE AÇO (55Si7) PRIMAVERA

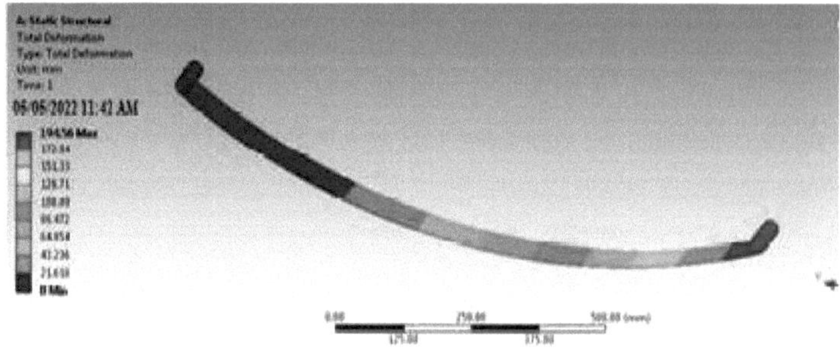

Fig.4.4 Deformação total 500(N).

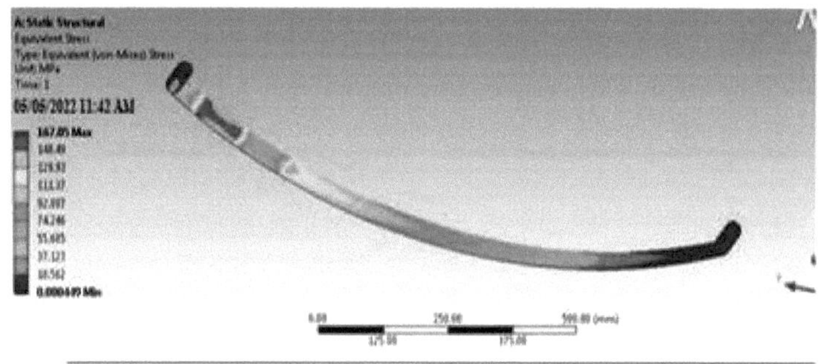

Fig 4.5 Tensão equivalente 500(N)

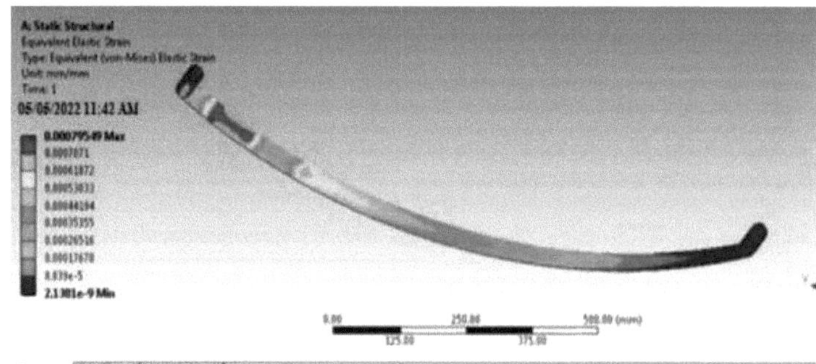

Fig.4.6 Deformação elástica equivalente 500(N).

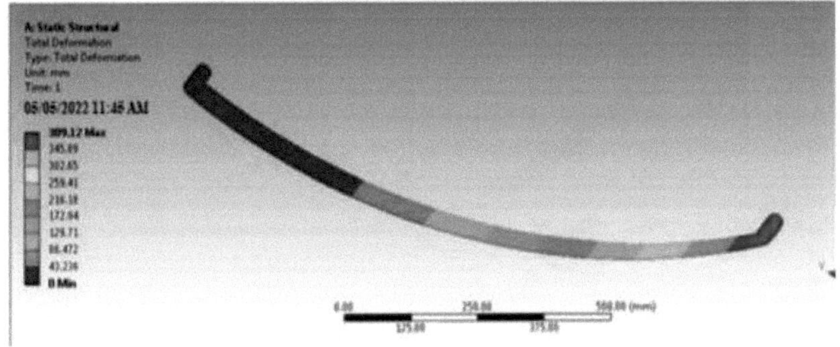

Fig.4.7 Deformação total1000(N).

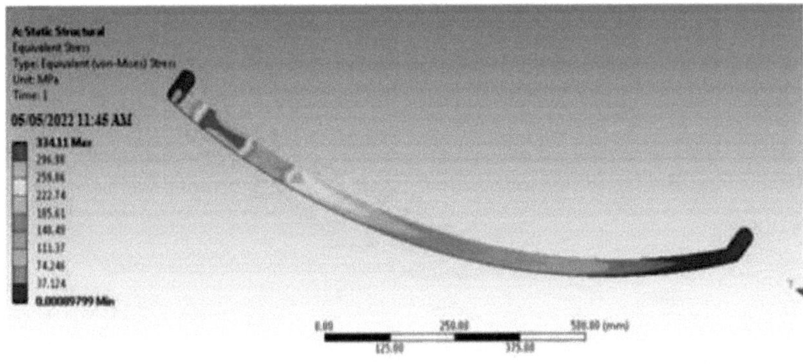

Fig.4.8 Tensão equivalente1000(N).

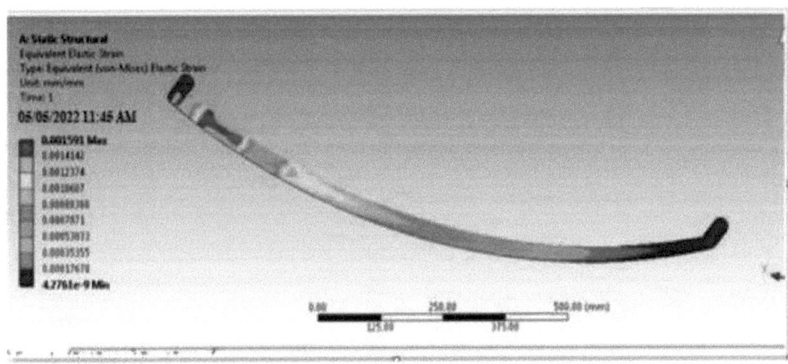

Fig.4.9 Deformação elástica equivalente 1000(N).

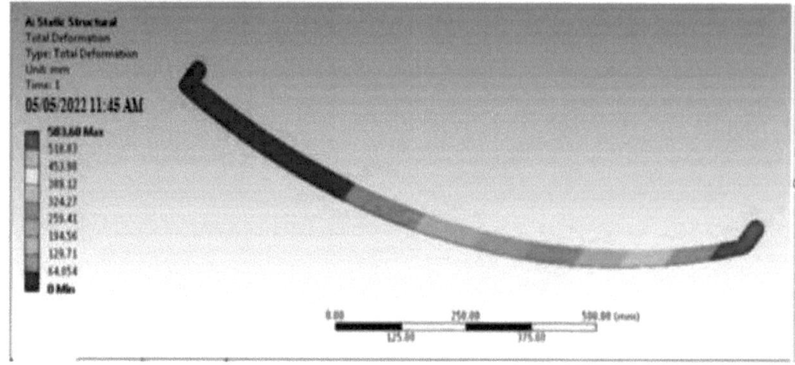

Fig.4.10 Deformação total1500(N).

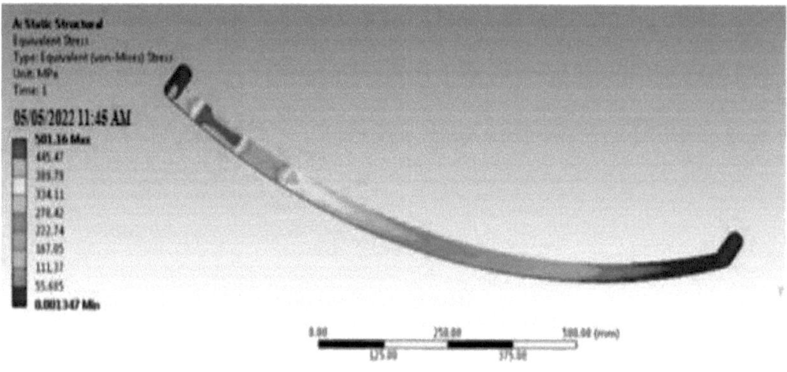

Fig.4.11Tensão equivalente1500(N).

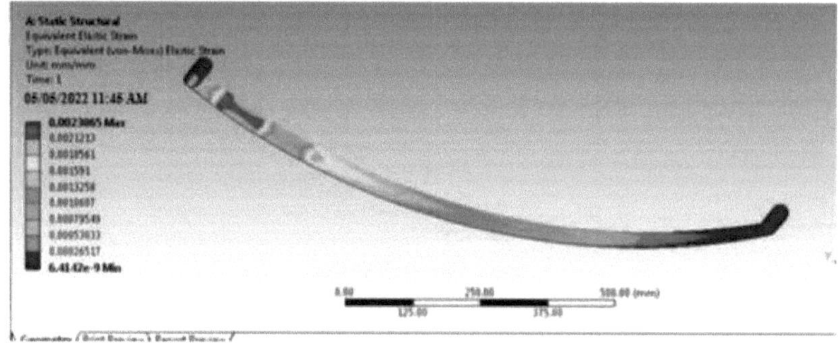

Fig.4.12 Deformação elástica equivalente1500(N).

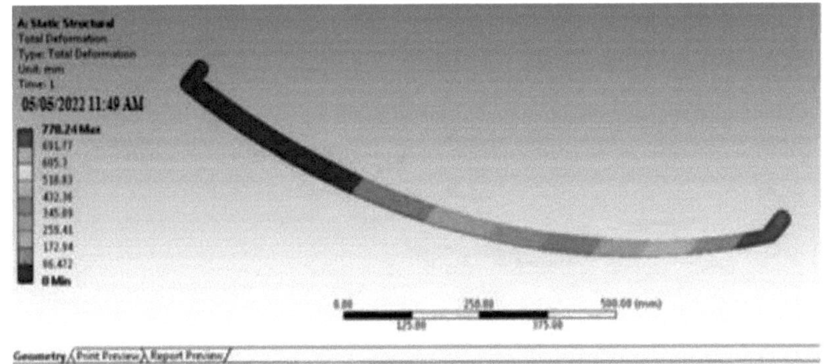

Fig.4.13 Deformação total 2000(N).

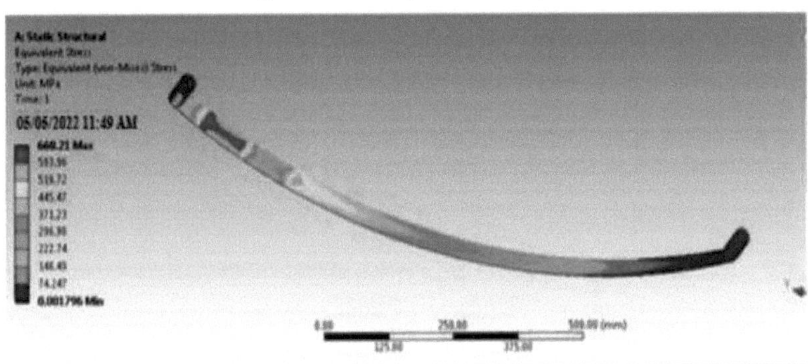

Fig.4.14 Tensão equivalente2000(N).

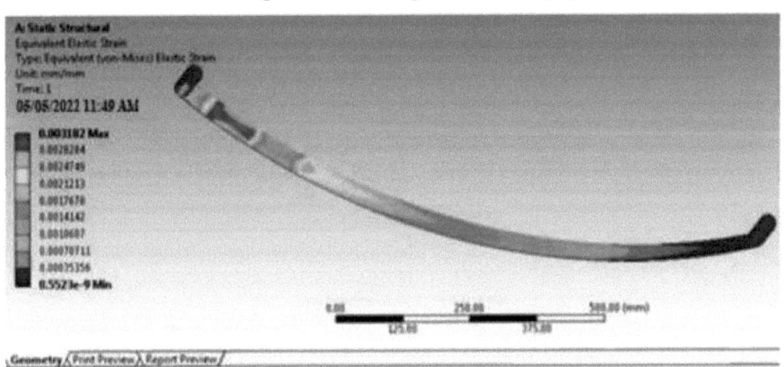

Fig.4.15 Deformação elástica equivalente 2000(N).

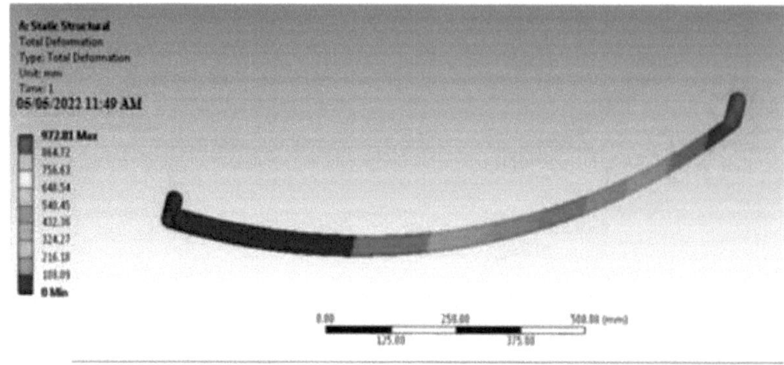

Fig.4.16Deformação total2500(N).

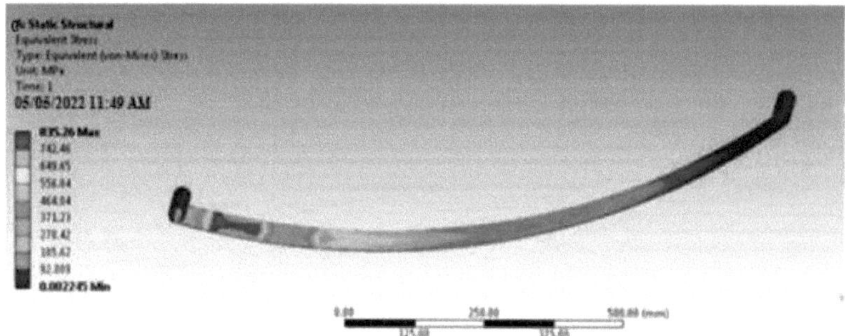

Fig.4.17Tensão equivalente2500(N).

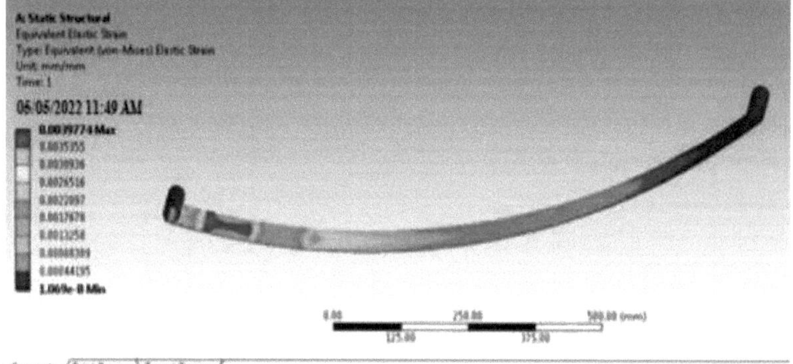

Fig.4.18 Tensão elástica equivalente2500(N)

4.6 PARÂMETROS DE CONCEPÇÃO DA MOLA DE LÂMINA COMPOSTA.

Tabela 4.2: Parâmetros de projeto da mola de lâmina composta.

Comprimento total da mola de lâmina (olho	965 mm

Altura do arco no assento do eixo		125 mm
Espessura	No centro	60 mm
	Nas extremidades	10 mm
Largura	No centro	30 mm
	Nas extremidades	45 mm

4.7 MODELO FINAL PROJECTADO DE MOLA DE LÂMINA EM CATIA V5 E-

MOLA DE LÂMINA DE VIDRO/EPÓXI E JUTA/VIDRO/EPÓXI.

Fig.4.19 Mola de lâmina composta projectada em Catia

1. Variando as dimensões e considerando o material compósito, obtém-se uma grande variação de tensões, tensões e deformações quando comparado com o aço 55si7.
2. Considerando os valores de projeto modificados, o peso da mola de lâmina de vidro E/epóxi é de 2,8 kg e o peso da mola de lâmina de vidro Juta/Evidro/Epóxi é de 2 kg.

4.8 ANÁLISE ESTRUTURAL ESTÁTICA DE UMA FOLHA DE VIDRO ELECTRÓNICO/EPÓXI

DE VIDRO/EPÓXI.

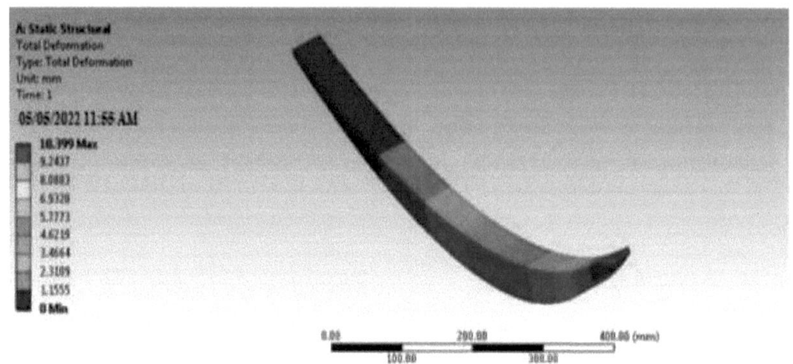

Fig.4.20 Deformação total1000(N).

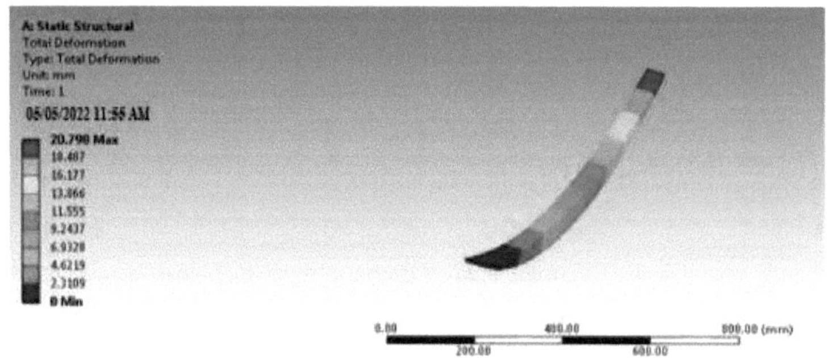

Fig.4.21Deformação total 2000(N).

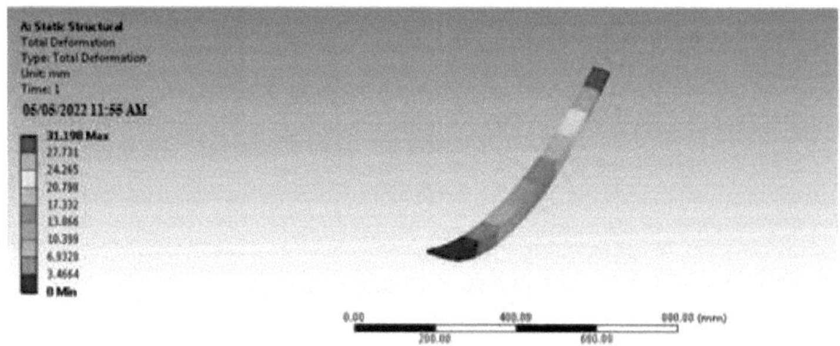

Fig.4.22Deformação total3000(N).

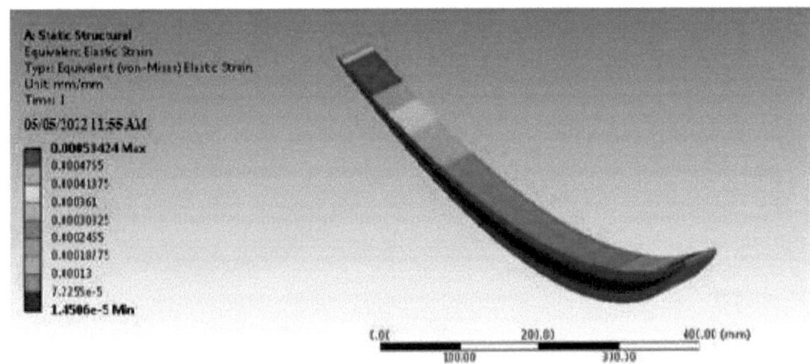

Fig.4.23Deformação elástica equivalente1000(N)

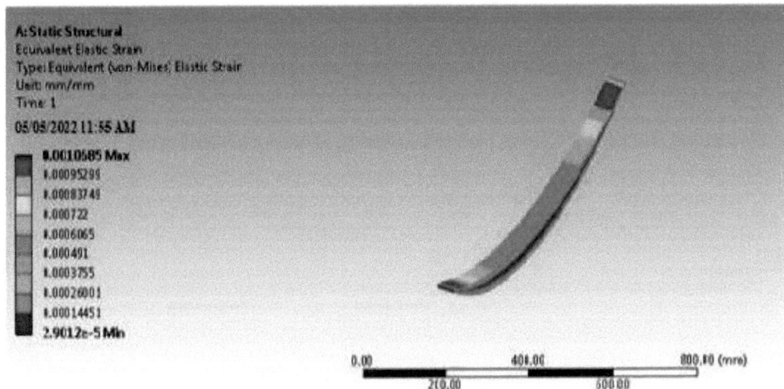

Fig.4.24 Deformação elástica equivalente 2000(N)

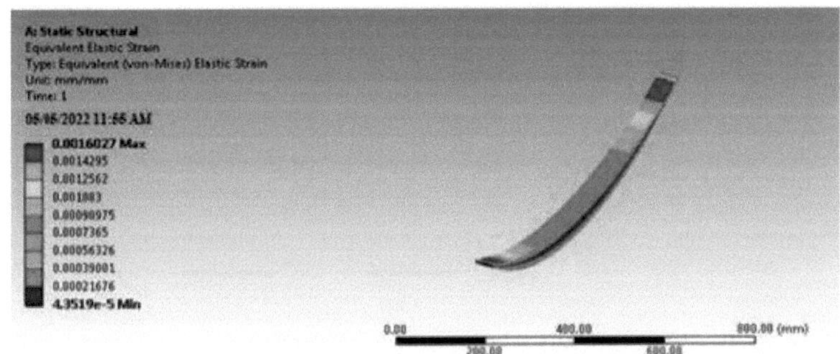

Fig.4.25 Deformação elástica equivalente 3000(N)

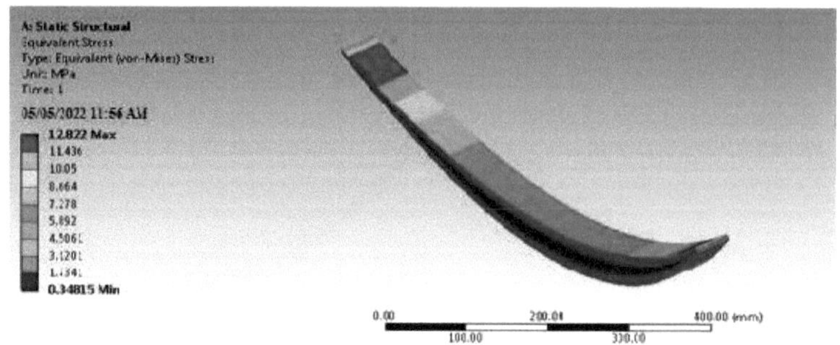

Fig.4.26 Tensão equivalente 1000(N).

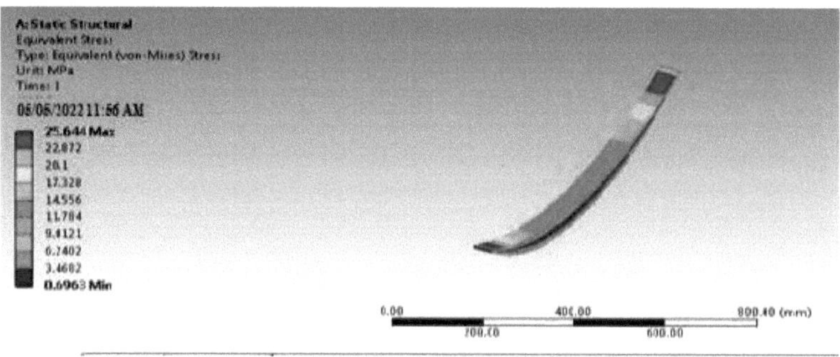

Fig.4.27 Tensão equivalente 2000(N).

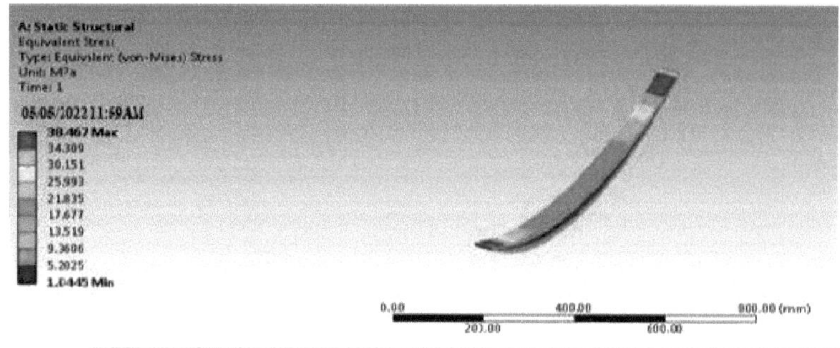

Fig.4.28 Tensão equivalente 3000(N).

4.9 ANÁLISE ESTRUTURAL ESTÁTICA PARA JUTA/E- VIDRO/EPÓXI

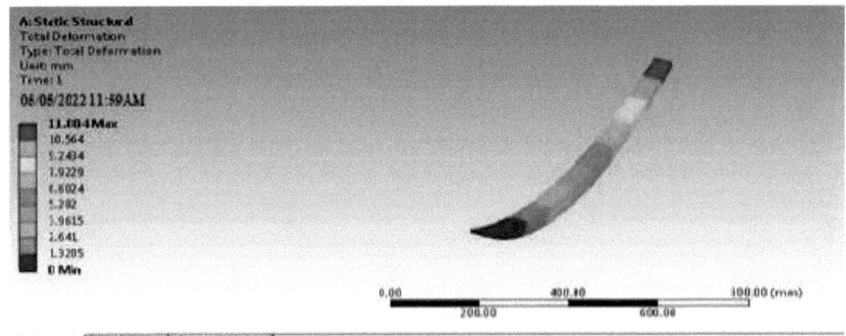

Fig.4.29 Deformação total1000(N).

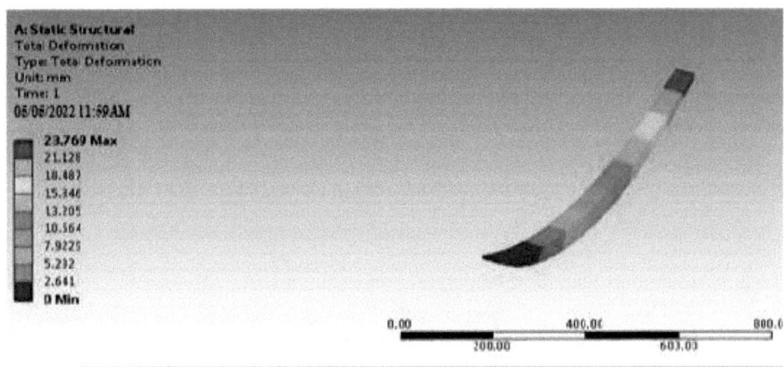

Fig.4.30 Deformação total 2000(N).

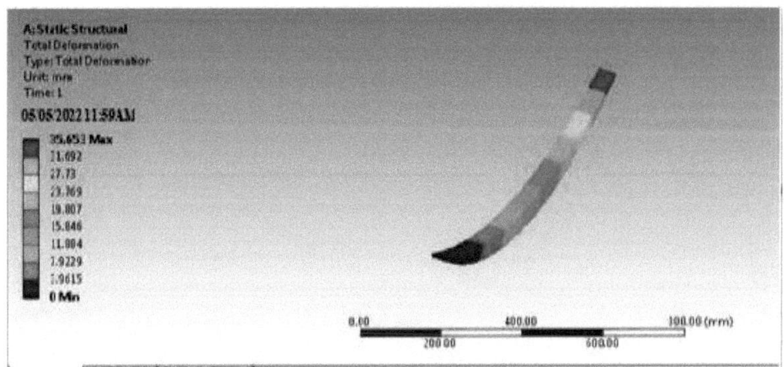

Fig.4.31Deformação total 3000(N).

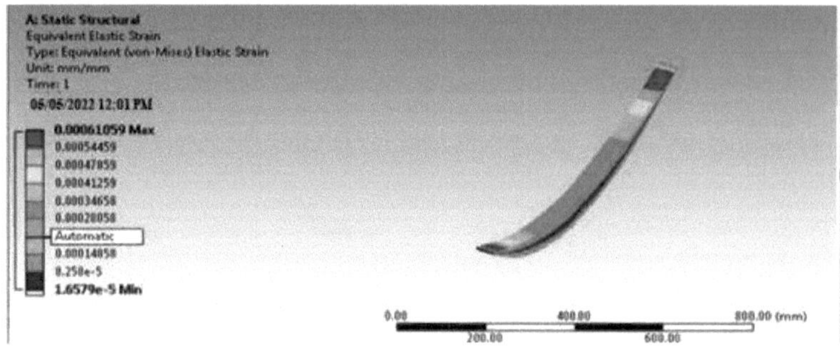

Fig.4.32 Deformação elástica equivalente 1000(N).

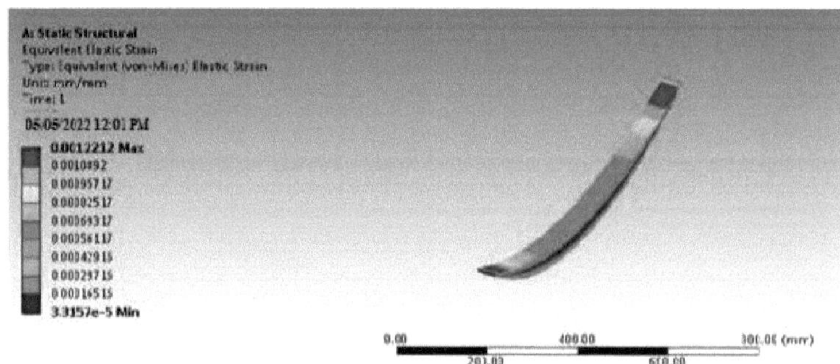

Fig.4.33 Deformação elástica equivalente 2000(N).

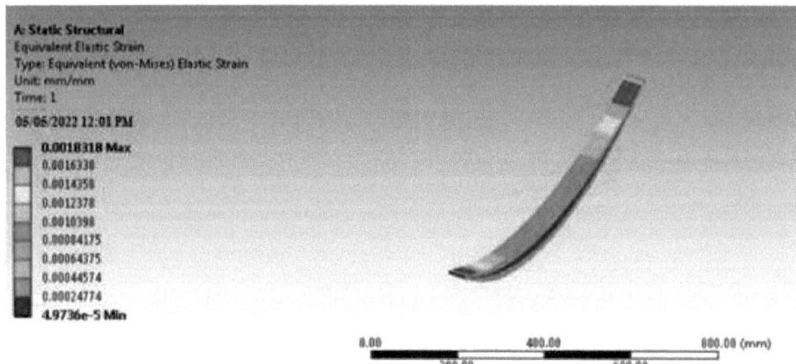

Fig.4.34 Deformação elástica equivalente 3000(N).

Fig.4.35Tensão equivalente 1000(N).

Fig.4.36 Tensão equivalente 2000(N).

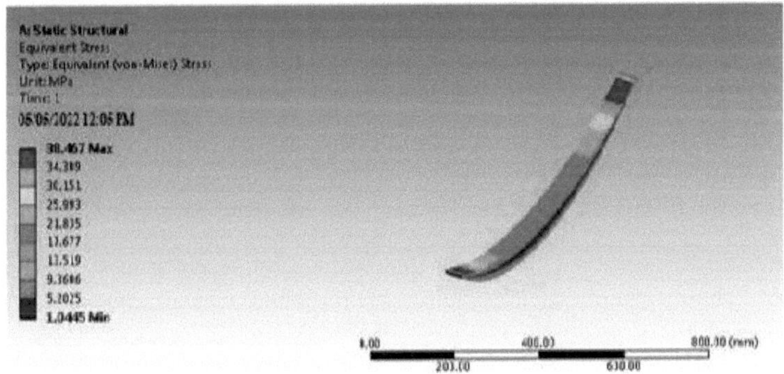

Fig.4.37 Tensão equivalente 3000(N).

CAPÍTULO 5

RESULTADOS E DISCUSSÃO

5.1 CÁLCULO TEÓRICO

Uma mola de lâmina semi-elíptica pode ser considerada como duas molas de lâmina em consola,

e uma mola de lâmina totalmente elíptica. Deixe

F=força aplicada na extremidade da mola de lâmina b = largura de cada mola de lâmina

t=espessura de cada folha

n=número de licenças graduadas

l = comprimento da mola

Ob = tensão de flexão

Movimento de flexão máximo, Mmax=Fl

Mmax

Tensão de flexão, $\sigma_b = \frac{Mmax}{Z}$

$\sigma_b = \frac{6X\ 500\ X\ 1049.26}{6\ X\ 56\ X\ 6^2} = 260.23\ \text{N/mm}^2$

Deformação máxima, δ max = $6fl^3/\ Enbt^2$

Energia da mancha U = P2/AXE

5.2 COMPARAÇÃO DOS AÇOS 55 SI 7 COM OS RESULTADOS TEÓRICOS E DE SIMULAÇÃO

Tabela 5.1: Comparação entre os resultados teóricos e de simulação do 55Si7.

	Deformação total (mm)		**Tensão(N/mm²)**		**Energia de deformação (MJ)**	
CARGA(N)	**Teórico Valores do aço**	**Valores Ansys do aço**	**Teórico Valores do aço**	**Ansys Valores do aço**	**Valores teóricos do aço**	**Ansys Valores do aço**
500	238.75	194.56	260.23	167.05	0.0009	0.0007
1000	477.50	389.12	520.46	334.11	0.0019	0.0015
1500	716.25	583.68	780.699	501.16	0.0028	0.0023
2000	955.00	778.25	1040.93	668.21	0.0036	0.0031
2500	1193.76	972.81	1301.165	835.26	0.0046	0.0039

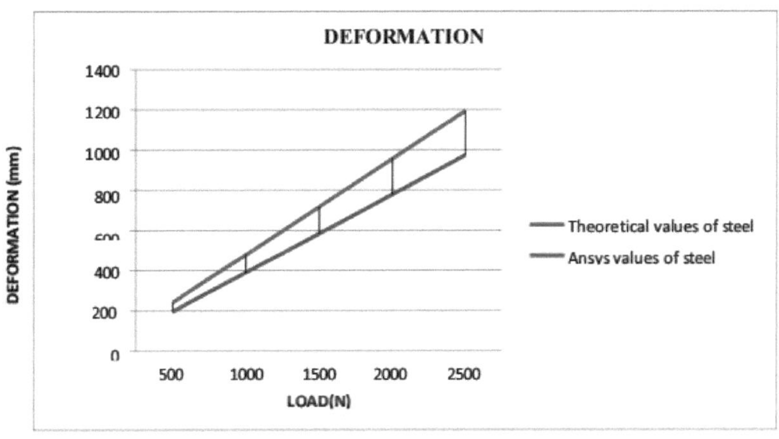

O GRÁFICO-5.2.1 indica Carga Vs Deformação

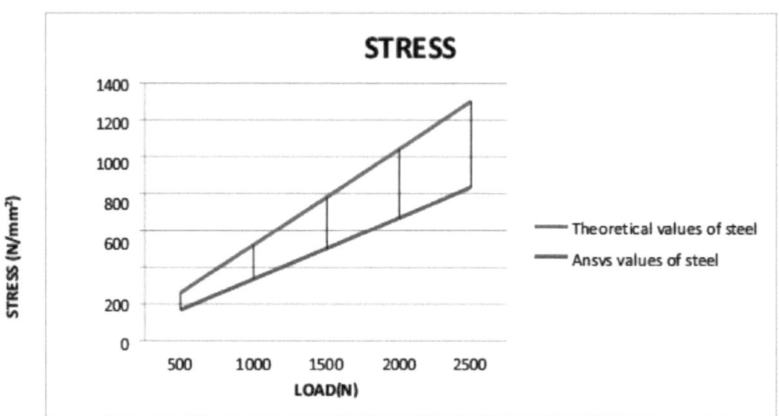

GRÁFICO- 5.2.2 indica Carga Vs Tensão

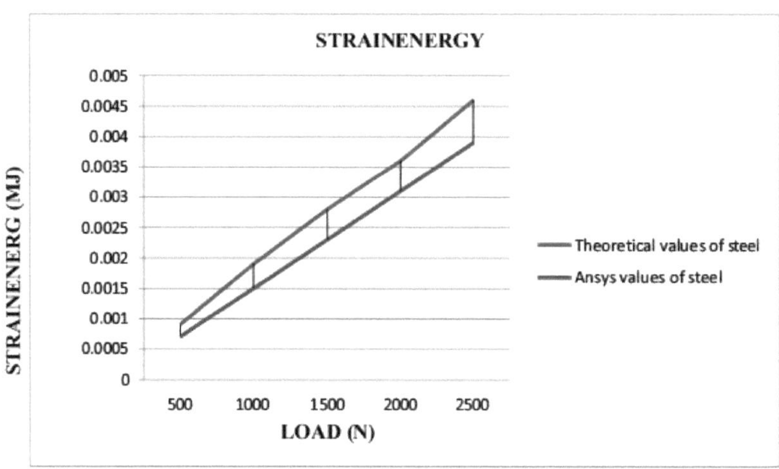

GRÁFICO-5.2.3 indica Carga Vs Energia de deformação

5.3 COMPARAÇÃO ENTRE A MOLA DE LÂMINA [A](E-GLASS/EPOXY) E [B](JUTA/E-VIDRO/EPÓXI).

Tabela 5.2: Comparação entre os resultados de E-Glass/Epoxy e Juta/E-Glass/Epoxy.

	Total Deformação (mm)		Tensão(N/mm^2)		Energia de deformação (MJ)	
CARREGAR (N)	[A]	[B]	[A]	[B]	[A]	[B]
1000	10.39	11.88	12.822	12.822	0.00053	0.00061
2000	20.78	23.76	25.644	25.645	0.00106	0.00122
3000	31.19	35.65	38.466	38.467	0.00160	0.0018
4000	41.59	47.53	51.287	51.289	0.0021	0.00244

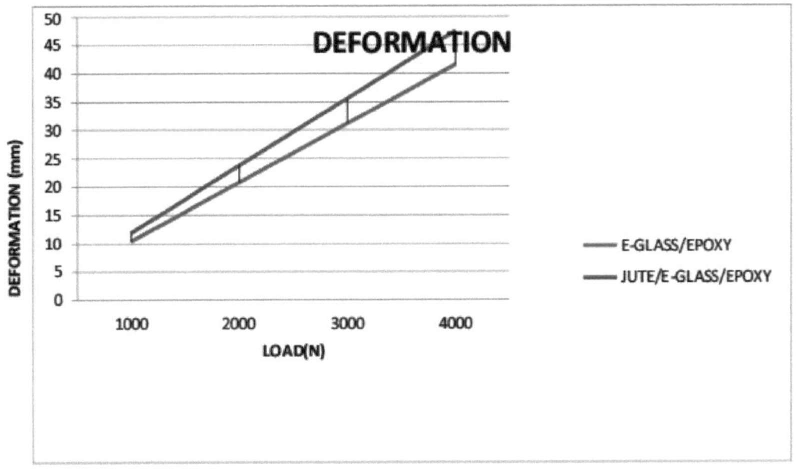

O GRÁFICO-5.3.1 indica a carga versus a deformação.

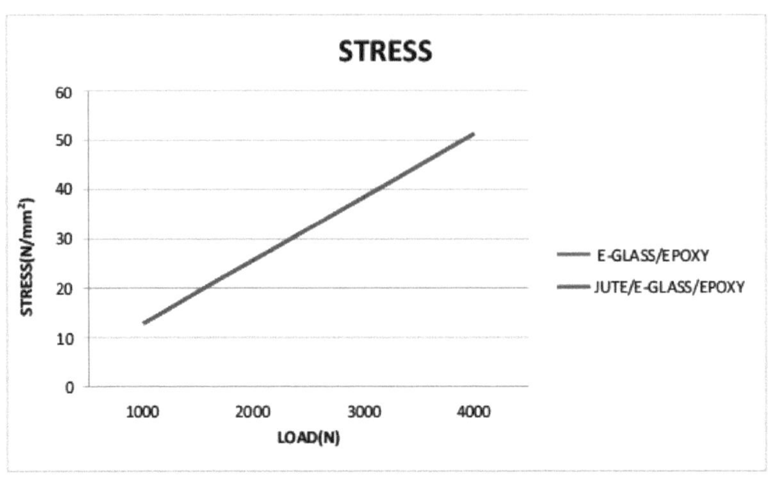

GRÁFICO-5.3.2 indica Carga Vs Tensão

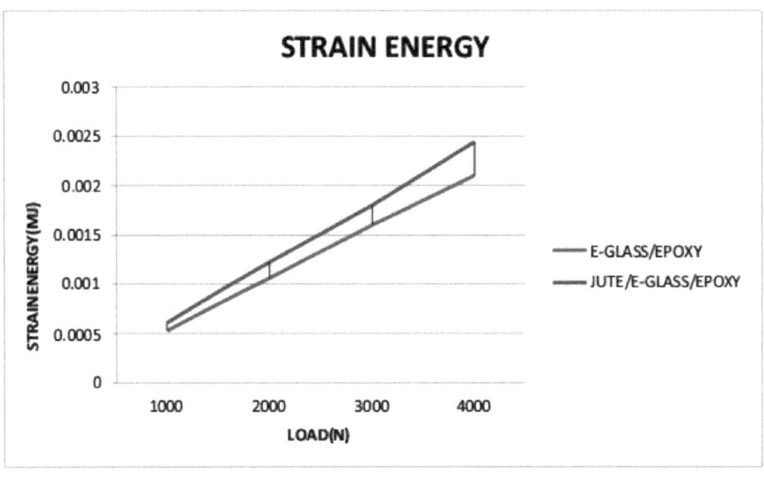

O GRÁFICO-5.3.3 indica a energia de deformação VS carga

5.4 COMPARAÇÃO DAS PONDERAÇÕES

Gráfico de barras desenhado para a comparação do peso das molas de lâmina em aço e em material compósito. O gráfico de barras abaixo mostra as comparações do peso da mola de lâmina (kg) no caso do aço e do material compósito. A partir desta comparação do gráfico de barras, observa-se facilmente que a redução do peso da mola de lâmina. Para as molas de lâmina de aço, o peso é de 15 kg e para as molas de lâmina compostas é de 2 e 2,8 kg

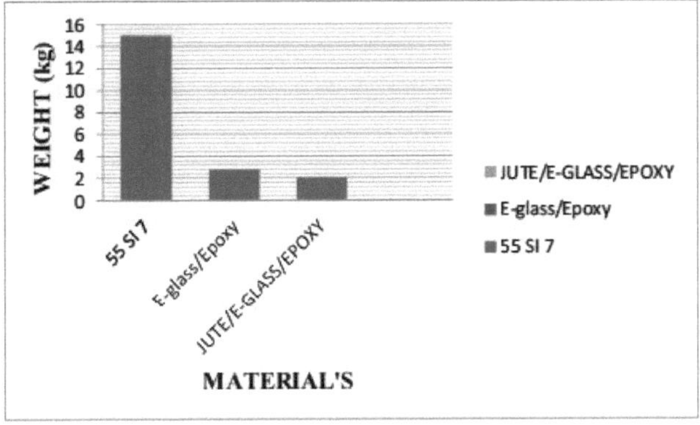

O GRÁFICO-5.4.1 indica Peso Vs Material

CAPÍTULO 6

CONCLUSÕES

6.1 CONCLUSÕES

A modelação 3D da mola de lâmina em aço e em material compósito é efectuada e analisada. Foi efectuado um estudo comparativo entre molas de lâminas compósitas e de aço no que respeita à deflexão, energia de deformação e tensões. A partir dos resultados.

1. O trabalho de projeto fornece valores óptimos para as variáveis de design (espessura e largura da mola de lâmina) da mola de lâmina composta híbrida utilizando a análise de elementos finitos.
2. O peso pode ser reduzido em 55% se a mola de lâmina de aço for substituída por uma mola de lâmina composta híbrida de juta/vidro/epóxi. A redução de peso reduz o consumo de combustível do veículo.
3. Em várias condições de carga, verifica-se que a mola de lâmina híbrida composta tem tensões e deformações menores em comparação com a mola de lâmina de aço convencional.
4. O compósito híbrido de juta/vidro/epóxi tem uma capacidade de armazenamento de energia de deformação elástica mais elevada do que o aço e o compósito de vidro E/epóxi, porque tem um módulo de elasticidade mais baixo e uma densidade mais baixa do que ambos. Por conseguinte, a mola de lâmina de compósito híbrido pode absorver mais energia, o que conduz a uma condução confortável.
5. A mola de lâmina de compósito híbrido juta/vidro/epóxi é mais económica do que a mola de lâmina de compósito vidro/epóxi, uma vez que o custo da fibra de juta é muito inferior ao da fibra de vidro e está disponível em abundância na natureza.

CAPÍTULO 7

FUTUROSCÓPIO

1. A mola pode ser modelada com diferentes dimensões e a análise estática pode ser efectuada com diferentes cargas.
2. A análise dinâmica da mola de lâmina pode ser efectuada e os resultados obtidos podem ser comparados com o software e os resultados experimentais.
3. Podem ser efectuadas análises experimentais e os resultados obtidos podem ser comparados com os resultados do software.
4. Podem ser utilizados materiais compósitos para as molas de lâminas, para que sejam mais leves e mais eficientes

REFERÊNCIAS

[1] Kumar Krishna e Aggarwal M.L, "A Finite Element Approach for Analysis of a Multi Leaf Spring using CAE Tools" Research Journal of Recent Sciences ISSN2277-2502Vol.1(2),92-96, Feb. (2012) Res. J. Recent Sci.

[2] Shishay e Amare Gebremeskel, "Conceção, simulação e prototipagem de uma mola de lâmina de compósito simples para um veículo ligeiro". Global Journal of Researches in Engineering Mechanical and Mechanics Engineering Volume 12 Edição 7 Versão 1.0 Ano 2012 Tipo: Revista Internacional de Investigação com Revisão por Pares Dupla Cega Editora: Global Journals Inc. (USA) Online ISSN: 2249-4596 Print ISSN:0975-5861

[3] Jadhav Mahesh V, Zoman Digambar B, Y R Kharde e R R Kharde, "Análise de desempenho de duas molas de folha mono usadas para o veículo Maruti 800". Jornal Internacional de Tecnologia Inovadora e Engenharia de Exploração (IJITEE) ISSN: 2278-3075, Volume-2, Issue-1, dezembro de 2012.

[4] Y. N. V. Santhosh Kumar e M. Vimal Teja "Conceção e análise da mola de lâmina composta". Jornal Internacional de Engenharia Mecânica e Industrial (IJMIE), ISSN No. 2231 -6477, Vol-2, Issue-1, 2012.

[5] Manas Patnaik, L.P. Koushik e Manoj Mathew, "Determinação da curvatura e do vão da folha de uma mola de folha parabólica para otimizar a tensão e o deslocamento utilizando redes neurais artificiais". International Journal of Modern Engineering Research (IJMER) www.ijmer.comVol.2, Issue.4, July-Aug2012pp-2771-2773ISSN: 2249-6645.

[6] Baviskar A. C., Bhamre V. e G., Sarode S. S, "Design and Analysis of a Leaf Spring for automobile suspension system". A Review International Journal of Emerging Technology and Advanced Engineering Website:www.ijetae.com(ISSN2250-2459, ISO9001: 2008 Certified Journal, Volume3, Issue 6, June2013) pp407-410.

[7] Bhushan, B. Deshmukh e Dr. Santosh B. Jaju "Conceção e análise da mola de lâmina de polímero de reforço de fibra (FRP)". - Uma revisão Int J Engg Tech sci Vol 2(4) 2011,289291

[8] M. venkatesan e D.helmen devaraj, "Projeto e análise de molas de lâmina compostas em veículos ligeiros". Revista Internacional de Investigação em Engenharia Moderna (IJMER) www.ijmer.comVol.2, Issue.1,Jan-Feb2012 pp-213-218 ISSN: 2249-6645.

[9] Gulur Siddaramanna, Shiva Shankar e Sambagam, "Mono Composite Leaf Spring for Light Weight Vehicle - Design End Joint Analysis and Testing" ISSN 1392-1320 Materials Science (Medziagotyra). Vol. 12, No.3. 2006.

Printed by Books on Demand GmbH, Norderstedt / Germany